识鸟图鉴 给儿童的鸟类百科全书

长空鹰隼

［英］英国琥珀出版公司 / 编著　左安浦 / 译

U0334723

甘肃科学技术出版社

非洲鸵鸟

维多利亚凤冠鸠

导 言

鸟类是一个庞大的物种群，目前已知大约有 1 万种鸟类。从灼热的沙漠到严寒的极地，从高耸的山岳到辽阔的海洋，在全球你能想象到的任何环境里，都有鸟类出没。

鸟类是无脊椎动物，后肢能移动，前肢已经进化成翅膀。卵有坚硬的蛋壳。鸟是温血动物，能主动调节体温，体温通常保持在 41℃左右，比哺乳动物要高。鸟的心脏有四个腔室，肺系统很发达，肺系统中的气囊面积很大，分布在体腔里。大多数鸟类的骨头是空心的，骨骼很轻，能很好地适应飞行。许多鸟神经系统发育良好，头脑相当大。有些鸟类很聪明，比如乌鸦和鹦鹉，它们甚至可以利用工具达到各种各样的目的。

鸟类最典型的特征是羽毛。羽毛从皮肤上的乳突发育而来，长在特定的区域。羽毛有多种功能。"飞羽"长在两翼，前窄后宽，用于滑翔和飞行。"覆羽"覆盖着翅膀和身体，就像一件大衣，可防风防水。"绒羽"是最下层羽毛，柔软蓬松，可帮助维持体温。鸟类会定期换羽，不在繁殖期的时候，许多雄鸟的羽毛非常单调；而到了繁殖期，它们就会换成更鲜艳的羽毛。

鸟类都不适应地下生活，尽管有些鸟类栖息在洞穴里，但洞穴通常是哺乳动物挖的。不过，也有鸟自己掘洞，比如崖沙燕。有些鸟类在夜晚出没，但大多数鸟类在白天活动，夜晚休息。鸟类通常不会进入深睡眠，而是每次只睡一小段时间，然后突然醒来，这叫"警惕性睡眠"。鸟类对即将到来的危险保持警觉。大多数鸟类会随季节迁徙，从而躲避干旱和严冬等不利条件。有些鸟能长途迁徙几千千米。

鸟类不能转动眼睛。它们拥有全色视觉，眼睛里的视锥细胞可以探测到绿色、红色和蓝色。许多鸟类的羽毛非常鲜艳，尤其是雄鸟，这是与其他鸟交流的信号。鸟类特殊的视锥细胞还可以看到紫外线，而许多鸟类的羽毛花纹只在紫外线下显示，因此，许多鸟自己看到的景象和我们看到的是不一样的。

岩雷鸟

许多鸟有领域，雄鸟会积极地守卫领域，抵御入侵者。雄鸟通过鸣啭宣示主权，这也可以吸引雌鸟。高声鸣啭非常辛苦，一只正在歌唱的知更鸟或麻雀每分钟脉搏要跳动几百下。哺乳动物通常靠嗅觉交流，相比之下，鸟类更加重视声音和视觉的交流。大多数鸟类的嗅觉非常差。

灰斑鸠

鸟类的饮食习性差异很大，这是鸟类进化的重要因素。以种子为食的鸟，喙通常强壮且重；以植物为食的鸟，比如鸭子和鹅，喙则宽阔扁平。猫头鹰和猛禽捕食小型脊椎动物，它们长着强壮的钩喙，以便把肉撕开。太阳鸟和蜂鸟等以花蜜和花粉为食，它们的喙一般是细长弯曲的，可以深入探索花朵；它们的舌头长而多毛，可以用来搜集花蜜。这些鸟一般是热带物种，其中一些是重要的传粉者。

所有鸟都在陆地上繁殖，甚至远洋鸟，如信天翁、燕鸥也必须上岸栖息。绝大多数鸟是一夫一妻制的，通常在一个繁殖期内成双成对，甚至有些会厮守终生，比如漂泊信天翁。然而，在恪守一夫一妻制的物种里，雄鸟通常会欺骗它们的伴侣，以生出更多后代。和哺乳动物不同，雄性照顾雏鸟是很常见的，父母双方经常轮流孵蛋和喂食。有些鸟可能有多个配偶，在这些物种中，雌鸟通常不需要雄鸟帮助哺育雏鸟。大多数鸟用树枝、稻草、树叶和泥土筑巢，但也有一些鸟不筑巢，在光秃秃的地面或岩石上产卵。雏鸟刚出生时通常无助地光着身子，这叫"晚成雏"；在孵化后的几周内，它们完全依赖父母的喂食、保暖和护卫。还有一些鸟，比如几维鸟和鸵鸟，它们的雏鸟是"早成雏"，孵化后不久就能四处走动觅食。而冢雉的雏鸟刚孵化就会飞，就像是缩小版的成鸟。

红腹锦鸡

本套书是根据鸟类的目进行分组的，共包含 28 目，讲述了 419 种鸟类。介绍每种鸟时，使用相同的体例，便于读者阅读。

草原雕

重要统计资料

身长：62~74 厘米

翼展：1.6~1.9 米

性成熟期：至少 1 年

产卵数：1~3 枚

孵化期：45 天

初飞期：55~56 天

窝数：每年 1 窝

典型食物：鸟类、哺乳动物、昆虫和腐肉

寿命：圈养状态下，最长 41 年

生物比较

只有在它们飞行的时候，你才最可能辨别出幼年草原雕和成年草原雕。成年草原雕的翅下颜色很深，初级飞羽的端部呈灰黑色。幼年草原雕的翅膀呈浅棕色，有一条醒目的白色翼带。

幼年草原雕

草原雕是一种适应能力极强的物种，在草原和城市都如鱼得水。只要能找到食物，它们就能大快朵颐。

分布在哪里？

草原雕之所以得名，是因为它们喜欢干燥而开阔的栖息地，比如俄罗斯大草原。它们主要在中亚繁殖，范围从哈萨克斯坦延伸到欧洲东部。

翅膀

草原雕的翅尖有手指状的初级飞羽，张开的时候可以减小摩擦，增加在空中的自由度。

眼

草原雕的视力非同小可。据说，它们能在 100 米高的空中发现一只蚱蜢。

腿

不同于一般的猛禽，草原雕的腿不仅适合捕捉地面的猎物，也适合捕捉空中的猎物。

特殊的适应能力

只有少数几种鹰在地面筑巢，壮美的草原雕就是其中之一。这听起来很危险，但适应能力是一种重要的生存策略。草原雕能够利用多种环境筑巢，甚至能在城市里筑巢——它们也的确是这样做的。

猛雕

目·鹰形目·科·鹰科·种·猛雕

猛雕是一种壮美的猛禽，是公认的非洲最大的鹰类——它们凭借其力量，杀死并带走一只小羚羊完全不在话下。

重要统计资料

体重：6.5 千克

身长：78~86 厘米

翼展：2.5 米

性成熟期：5~6 年

孵化期：47~53 天

初飞期：59~99 天

产卵数：每 2 年 1 枚

典型食物：小型哺乳动物、鸟类和爬行动物

习性：昼行性。不迁徙

寿命：通常 16 年

分布在哪里?

猛雕数量不多，分布在整个撒哈拉以南非洲，尤其是津巴布韦和南非。它们能在干旱的稀树草原和山区生活。

生物比较

通过羽毛的颜色和胸前斑点的数量，鸟类学家可以推测猛雕的年龄。一般来说，随着年龄增大，猛雕的斑点更多，羽毛颜色更深。幼鸟（如下图）上体呈灰色，下体以白色居多。

眼

鹰类的视力非常好，猛雕尤其突出，它们能在高空中发现潜在的猎物。

翅膀

宽大的翅膀适合翱翔，手指状的初级飞羽能够在空中维持更好的自由度。

腿

许多猛禽的腿完全或部分裸露，以免羽毛沾上血。

幼年猛雕

特殊的适应能力

和许多猛禽一样，猛雕用锐利的爪子抓住并杀死猎物。它们在飞行中张开爪子，捕捉快速移动的猎物时甚至更轻松。

毛腿沙鸡

重要统计资料

体重: 150~500 克

身长: 30~41 厘米

翼展: 45~60 厘米

孵化期: 26~29 天

产卵数: 2~3 枚

窝数: 每年 2 窝

典型食物: 种子、绿芽和花蕾

寿命: 未知

毛腿沙鸡吃苦耐劳,非常适应炎热干燥地区的生活。但它们仍然需要每天饮水。

分布在哪里?

毛腿沙鸡分布在亚洲中部的干旱草原或类似区域,从俄罗斯南部、哈萨克斯坦横跨蒙古国到中国北部。

生物比较

毛腿沙鸡的头部呈淡黄色,眼睛周围有深色条纹,脸颊呈灰色。颈和喉呈灰色。身体和翅膀呈浅黄色,有灰色的斑纹。胸部呈浅黄色或黄灰色,腹部呈黑色。雄鸟和雌鸟很像,但雄鸟有灰色和黑色的胸带。它们可能会被与西藏毛腿沙鸡混淆,但后者腹部不是黑色的。

头

毛腿沙鸡的脑袋很小,像鸽子一样。它们有一个结实的喙,适合吃坚硬的种子。

身体

腹部蓬松的羽毛可以吸收大量水分。

尾

流线型的长尾羽有两根很长的羽毛,用于求偶。

幼年毛腿沙鸡

特殊的适应能力

毛腿沙鸡生活在干燥地区,成鸟每天早晨长途飞到水坑,用身体羽毛吸收水分,然后回到巢中。雏鸟从成鸟湿润的羽毛中吸取水分。

野鸽

住在城市里的人可以经常看到野鸽，野鸽是野生岩鸽的后裔。

重要统计资料

体重：200~300 克

身长：31~34 厘米

翼展：40~45 厘米

孵化期：16~18 天

产卵数：2 枚

窝数：每年 2~4 窝

典型食物：主要吃种子、芽和果实，也吃蜗牛和昆虫；在城市里，经常吃面包等食物残渣

寿命：最长 30 年

分布在哪里？

野鸽遍布世界各地，在许多大城市里很常见。它们广泛分布在英国的沿海地区、欧洲南部和非洲北部，也出现在亚洲西南部。

生物比较

野鸽的身体呈蓝灰色，翅膀上有两条清晰的黑色翼带。颈和胸是彩色的，雄鸟尤为明显，颜色为绿色、红色和紫色，带有轻微的金属色调。脚呈橙色或浅红色。雌鸟颜色较单调，体形略小。鸥鸽和野鸽类似，但鸥鸽翼带较窄，也没那么明显。

头

野鸽脑袋浑圆，相当小，长着一双引人注目的橘红色眼睛。

尾

野鸽的尾羽修长，尾尖与众不同，呈黑色。尾羽在飞行中很重要，尤其是在着陆时。

喙

喙短小尖锐，很适合啄食地面的小物体。

成年野鸽（上）
幼年野鸽（下）

特殊的适应能力

野鸽能平地起飞。它们飞向空中的时候，翅膀在背上方相互撞击，常常会发出一种独特的咔哒声。

鸥鸽

目·鸽形目·科·鸠鸽科·种·鸥鸽

鸥鸽有绚丽的羽毛，叫声是温柔的咕咕声，可以说是一种出类拔萃的鸟。它们经常与住在城市的野鸽混淆，但两者很不相同。

重要统计资料

体重：300 克

身高：28~32 厘米

翼展：60~68 厘米

性成熟期：1 年

孵化期：21~23 天

初飞期：28~29 天

产卵数：2 枚

窝数：每年 1~4 窝

典型食物：种子、树叶，偶尔也吃无脊椎动物

寿命：最长 9 年

分布在哪里？

在欧洲、亚洲中部和非洲西北部，城镇、树林和农田里都有成群的鸥鸽。北部和西部的种群是候鸟，其他地区的种群则是留鸟。

生物比较

白鸽被认为是和平的象征。然而，在现实中，纯白鸽很少见，最常见的是环颈斑鸠的变种。

喙

鸽子能吸水，这很不同寻常。大多数鸟类必须仰起头才能吞咽液体。

翅膀

鸥鸽经常与斑尾林鸽聚集在一起。鸥鸽在空中振翅的节奏更快，可以通过这一点来辨别。

脚

鸥鸽的脚是典型的雀形目的脚，一个短脚趾朝后，三个脚趾朝前。

白鸽

特殊的适应能力

鸥鸽几乎可以在任何地方安家。它们最喜欢在树上找个洞，也会利用废弃的动物洞穴、岩石裂缝和巢箱，甚至用一丛常春藤做窝。

斑尾林鸽

斑尾林鸽生活在森林和城市里, 在英格兰南部的部分地区也叫作"斑鸠"。

重要统计资料

体重: 450~550 克

身长: 38~43 厘米

翼展: 68~77 厘米

孵化期: 16~20 天

产卵数: 2 枚

窝数: 每年 2~3 窝

典型食物: 主要吃植物, 比如嫩芽、秧苗、种子、谷粒、浆果和果实, 也吃蜗牛和昆虫幼虫

寿命: 最长 20 年

分布在哪里?

斑尾林鸽广泛分布在欧洲大部分地区、亚洲西部以及北非和中东的部分地区。北方的斑尾林鸽会迁徙到南方过冬。

生物比较

斑尾林鸽看起来很像岩鸽, 但斑尾林鸽的体形更大。头部、上背和翅膀呈蓝灰色或石板灰, 有白色的横斑。喉部有白色的块斑, 块斑边缘呈暗绿色或紫色, 这是它们的一个特色。胸部呈粉红色, 尾羽呈灰色, 尾尖颜色较深。幼鸟颈部没有白色点斑。

翅膀

斑尾林鸽的特征是翅膀上独特的白色横斑以及喉部白色的块斑。

尾

斑尾林鸽和岩鸽是近亲, 它们很容易区分, 因为斑尾林鸽的尾羽明显更长。

腿

斑尾林鸽的腿短小有力, 脚趾很长, 适合栖木。

成年斑尾林鸽（左）
幼年斑尾林鸽（右）

特殊的适应能力

斑尾林鸽通常成对繁殖, 但有时也会结成小群, 这能够提供额外的保护, 因为春天时它们的巢经常遭到乌鸦的攻击。

吕宋鸡鸠

重要统计资料

体重：184 克

身长：30 厘米

翼展：38 厘米

性成熟期：1 年

产卵时间：5 月中旬

孵化期：15~17 天

产卵数：2 枚

窝数：每年 1 窝

典型食物：种子、浆果和昆虫

寿命：通常 15 年

吕宋鸡鸠是一种很少见的鸽子。它们的胸部呈鲜红色，这也是它们名字的由来。

分布在哪里？

顾名思义，吕宋鸡鸠出现在菲律宾的吕宋岛和较小的波利略岛。这种羞怯的鸟生活在低地森林里，栖息在低矮的树上。

生物比较

吕宋鸡鸠属于鸠鸽科。然而，它们大部分时间都在森林的地面觅食，这意味着吕宋鸡鸠的身体已经适应了类似山鹬的地栖鸟类的生活。并且就像山鹬一样，吕宋鸡鸠更喜欢走路，尽管它们会飞。

眼

很难区分雄性吕宋鸡鸠和雌性吕宋鸡鸠，尽管一些观鸟者声称雌鸟（如图）的眼睛是紫色的，雄鸟的眼睛是蓝色的。

胸部

吕宋鸡鸠的红色块斑看起来就像它们受伤了一样，而且红色块斑位于胸前，使这一特征更加突出。

腿

吕宋鸡鸠有一双长腿，因此能在森林的地面上自由行走，轻松地避开障碍物。

吕宋鸡鸠大部分时间在森林的地面觅食

特殊的适应能力

吕宋鸡鸠腿长翅短，因此能在灌木丛中穿梭，它们的羽毛也不会被森林地面缠住。短翅膀加速了它们的飞行，这便于它们逃避捕食者。

维多利亚凤冠鸠

维多利亚凤冠鸠跟火鸡差不多大，长着石蓝色羽毛和壮丽的王冠，跟城镇中的野鸽截然不同。

重要统计资料

体重：2~2.5 千克

身长：74 厘米

性成熟期：大约 15 个月

孵化期：28 天

初飞期：30 天

产卵数：1 枚

窝数：每年 1 窝

叫声：响亮的预警声

典型食物：果实、种子和无脊椎动物，尤其是蜗牛

寿命：圈养状态下最长 25 年

生物比较

维多利亚凤冠鸠非常罕见，但鸠鸽科的其他成员却数量庞大。灰斑鸠（如下图）尤为常见，它们分布太广了，以至于在世界许多地方被认为是一种害鸟。

分布在哪里？

维多利亚凤冠鸠生活在低地和沼泽森林，主要位于新几内亚北部和附近的岛屿。由于自然栖息地丧失，它们的数量正在下降。

翅膀

维多利亚凤冠鸠只有受到干扰才会飞，然后在低矮的栖木上休息。

身体

维多利亚凤冠鸠是鸠鸽科现存最大的鸟类，但它们的近亲、已经灭绝的渡渡鸟却能长到 1 米高。

脚

维多利亚凤冠鸠在地面觅食。它们主要生活在陆地上，这得益于它们强壮的脚和修长的脚趾。

维多利亚凤冠鸠（左）
灰斑鸠（右）

特殊的适应能力

对于维多利亚凤冠鸠而言，雄性搜集筑巢的材料送给雌性，这是求偶的一种方式。

髻鸠

髻鸠有独特的双冠羽。相对于大城市，它们在雨林中更自在。

重要统计资料

体重: 525 克

身长: 40~45 厘米

性成熟期: 1 年

产卵时间: 8~12 月

孵化期: 22~24 天

初飞期: 22~26 天

产卵数: 1 枚

典型食物: 雨林的果实和浆果

习性: 昼行性。不迁徙

寿命: 最长 17 年

生物比较

　　成年雄性髻鸠上体呈深灰色，下体呈浅灰色，头上长着别具一格的双色冠羽。它们的尾羽呈方形，上面有黑白相间的带子。相比之下，幼鸟与雌鸟类似，脑袋呈棕色，冠羽明显更小。

幼年髻鸠

分布在哪里?

　　髻鸠出现在澳大利亚东海岸的雨林里。它们是流浪的动物，跟随着食物的季节性变化，春天从沿海地区迁徙到高地。

头
　　髻鸠有独特的双冠羽，前面呈灰色，后面呈锈红色。雄鸟的冠羽稍微大一些。

喙
　　髻鸠的喙呈棕黄色，粗短尖锐，非常适合采食果实和浆果。

脚
　　髻鸠的脚强壮，它们因此出奇地敏捷，可以挂在树枝上，吃那些很难够到的果实。

特殊的适应能力

　　所有鸠鸽科的内脏上方都有一个贮存囊，叫作"嗉囊"。因为髻鸠吃大果实，所以它们的嗉囊比其他鸠鸽的更大。也因为这个原因，它们可以在有水果的时候狼吞虎咽，然后消化成更小的块。

巨果鸠

目·鸽形目·科·鸠鸽科·种·巨果鸠

澳大利亚引人注目的巨果鸠长得有点像五彩缤纷的雨林鸽子。它们的拉丁名 *magnificus* 更加名副其实，意思是"壮丽的"。

重要统计资料

身长：29~45 厘米

性成熟期：1~2 年

产卵时间：求偶从 7 月开始，但产卵时间因地而异

孵化期：21 天

产卵数：1 枚

窝数：每年 1 窝，如果第一窝没孵出来，还会再产 1 窝

叫声：响亮的 wollack-a-woo 或短促的 boo

典型食物：果实，尤其是无花果

习性：昼行性。不迁徙

寿命：未知

生物比较

在不同的地区，巨果鸠的体形和颜色差别很大。北方的巨果鸠体形较大，颈、胸和上腹部有紫色的羽毛，下体呈绿色。在南方，尤其是在新几内亚，巨果鸠的体形更小，胸部更加红润（如下图）。

新几内亚北部的
巨果鸠

分布在哪里？

巨果鸠生活在澳大利亚东海岸的低地雨林里，范围从新南威尔士州中部到约克角半岛。它们也出现在新几内亚。

喙

巨果鸠的长喙稍微向下弯曲，适合从树上采摘水果。

身体

在澳大利亚的鸽子中，巨果鸠也许是最好看的。雄鸟和雌鸟的羽毛同样鲜艳。

尾羽

巨果鸠的长尾羽呈方形，有助于保持平衡。飞行时，尾羽的作用像舵一样。

特殊的适应能力

获取食物是一件棘手的事情，但巨果鸠是天生的杂技演员，它们可以像走钢丝一样用尾羽和翅膀在树上保持平衡。为了够到那些很难够到的果实，它们甚至可以倒挂起来。

灰斑鸠

灰斑鸠非常适应现代生活，以至于在世界许多地方，它们被认为是害鸟。

重要统计资料

体重: 200 克

身长: 31~34 厘米

翼展: 48~56 厘米

性成熟期: 1 年

孵化期: 16~17 天

初飞期: 17~19 天

产卵数: 2 枚

窝数: 每年 3~6 窝

典型食物: 谷物、种子和无脊椎动物

寿命: 通常 3 年

分布在哪里?

灰斑鸠最初的自然栖息地是土耳其、中东和亚洲东南部。但现在，它们也在欧洲北部、北非和美国繁殖。

生物比较

吸引伴侣通常是雄鸟的工作。对于一些物种来说，它们需要放弃日常的装束，换上艳丽的羽毛。然而，灰斑鸠采取了一种更简单的方法，那就是挺胸，这样使它们看起来更魁梧，更令人印象深刻。

头

灰斑鸠学名中的 *decaocto* 来自希腊语，意思是"咕咕叫的鸟"。

颈

灰斑鸠的颈背有黑色的领环（collar），这是它名字（Collared Dove）的来源。

脚

灰斑鸠的脚是典型的雀形目的脚，一个短脚趾朝后，三个脚趾朝前。

灰斑鸠正在挺胸求偶

特殊的适应能力

1955 年以前，英国没有灰斑鸠。但之后，英国的灰斑鸠骤增。原因之一是灰斑鸠的繁殖期很长，从 3 月延续到 10 月，因此它们一年最多可以繁殖 6 窝。

黑腹沙鸡

目·鸽形目·科·沙鸡科·种·黑腹沙鸡

强健的黑腹沙鸡可能看起来笨拙硕大，但它的飞行能力十分惊人，猎人和观鸟者对此都很赞赏。

重要统计资料

体重：雄性 400~500 克，雌性 300~465 克

身长：30~35 厘米

产卵时间：3~9 月，但因地而异

孵化期：23~28 天

产卵数：2~3 枚

窝数：每年 1 窝

叫声：轻柔的 chowrr rrrr-rrrr

典型食物：种子，偶尔也吃昆虫

习性：昼行性 / 黄昏习性。迁徙

寿命：未知

生物比较

雌鸟和雄鸟体形相似，但颜色完全不同。雌鸟的上体有颗粒般的纹饰，看上去像覆盖着一种黑色的蠕虫状花纹。雄鸟的颈部有独特的锈色块斑，而雌鸟没有。

分布在哪里？

黑腹沙鸡在北非、伊朗、印度、巴基斯坦繁殖，也在伊比利亚半岛的部分地区繁殖，从土耳其到俄罗斯。它们的首选栖息地是有草和灌木的草原和半荒漠。

身体

黑腹沙鸡身体丰满，脖子短，形似山鹑，但与鸽子亲缘更近。

翅膀

黑腹沙鸡有修长的尖翅膀，因此能够快速有力地飞行。

腹部

雄鸟和雌鸟的腹部都有黑色的大块斑，这是它们名字的来源。

雄性黑腹沙鸡（前）
雌性黑腹沙鸡（后）

特殊的适应能力

雄鸟和雌鸟轮流孵蛋（白天雌鸟，晚上雄鸟），这样它们就能各自觅食。雄鸟还会把腹部羽毛浸在水里，让雏鸟吮吸。

苍鹰

重要统计资料

体重：0.6~2 千克

身长：49~64 厘米

翼展：95~125 厘米

孵化期：30~38 天

产卵数：2~4 枚

窝数：每年 1 窝

典型食物：小型哺乳动物和鸟类，比如松鸡、鸽子甚至鸭子；能杀死兔子

寿命：通常不到 10 年，但偶尔超过 15 年

苍鹰如闪电般迅捷，通常低空飞行，又快又安静，猎物发现它们的时候，它们已经在猎物头顶。

分布在哪里？

苍鹰广泛分布在欧洲、俄罗斯和北美洲。尽管它们在亚洲北部很常见，但在亚洲南部分布很零散。

生物比较

苍鹰是鹰属中体形最大的成员。它们通常呈斑驳的灰色，雄鸟通常上体呈蓝色，下体呈灰色。雌鸟比雄鸟更大。如果有鸟类进入它们的领域，苍鹰会发起攻击。有时，苍鹰会被与更小的雀鹰混淆。

头

头部有一条横跨整个脸颊的白色条纹，羽毛呈灰色。

喙

强壮的钩喙很适合把肉撕开。

尾羽

宽阔的扇形尾羽很适合掌控方向。当苍鹰在空中转向或着陆时，尾羽向外张开。

幼年苍鹰

特殊的适应能力

苍鹰翅膀宽大，很好地适应了在林地中快速飞行和转向，也适合隐秘飞行。这种翅膀也适合快速加速。

雀鹰

重要统计资料

体重: 150~320 克

身长: 29~41 厘米

翼展: 60~80 厘米

孵化期: 33~35 天

产卵数: 3~5 枚

窝数: 每年 1 窝

典型食物: 麻雀等雀类和其他小型鸟

寿命: 最长 16 年

雌性雀鹰比雄性雀鹰大得多，因此经常捕食较大的猎物，比如鸽子。

分布在哪里?

雀鹰广泛分布在欧洲和亚洲的大部分地区。北方的雀鹰迁徙到南方过冬，最远可以到达北非和亚洲南部。

生物比较

雀鹰是一种小型猛禽。雄性雀鹰的头、颈、背和翅上呈深灰色或棕色。下体呈淡白色或白色，有独特的浅红色横斑。雌鸟的体形有时几乎是雄鸟的 2 倍。雌鸟下体呈灰色，有独特的深灰色横斑。脚呈黄色，有粗大的黑色爪子。

喙

黑色的喙短小有力，喙尖有明显的钩，可以用来撕开肉。

翅膀

雀鹰的翅膀短小宽阔，飞起来快速、有力而敏捷。

尾

细长的尾羽在追逐小型鸟时发挥重要作用。

雄性雀鹰

特殊的适应能力

雀鹰捕食小型鸟类。在花园里，它们经常躲在附近的树上，等待小鸟飞到鸟食架上觅食，然后闪电般地出击。

秃鹫（欧亚）

秃鹫会高高地盘旋在它们的领地上空，令人印象深刻。它们的翼展比一般成年人的身高还大。

重要统计资料

体重：9 千克

身长：1~1.1 米

身高：1.5 米

翼展：2.8 米

性成熟期：4 年

孵化期：50~62 天

初飞期：95~120 天

产卵数：1 枚

窝数：每年 1 窝

典型食物：腐肉

习性：昼行性。不迁徙

寿命：圈养状态下最长 39 年

生物比较

虽然英文名字形容秃鹫为黑色，但成年秃鹫并不是真正的黑色。近距离观察，会发现它们的羽毛更多呈烟棕色。幼鸟的羽毛更接近黑色，颜色更深，翅下没有浅色的条纹。

分布在哪里？

这种稀有的鸟类在亚洲和欧洲南部的高山和低地森林中繁殖。秃鹫是留鸟，但当天气寒冷时，它们可能也在北非过冬。

翅膀

为了保存体力，秃鹫选择滑翔而不是主动飞行。它偶尔缓慢振翅，使自己保持在空中。

脚

秃鹫长着强壮的脚，脚上有爪子，可以抓住动物的尸体。

头

头部的绒羽比其他羽毛更实用，因为其他羽毛在进食的时候很容易沾上血。

幼年秃鹫

特殊的适应能力

秃鹫是世界上最重的飞鸟之一。要在空中抬起如此巨大的物体，方形的长翅膀至关重要。这种形状提供了最大的表面积，反过来又提供了必要的升力，使秃鹫顺利起飞。

金雕

金雕威严、美丽，拥有绝对的身体力量，世界上很少有鸟类能与金雕相比。

重要统计资料

体重：雄性 3.7 千克，雌性 5.3 千克

身长：80~93 厘米

翼展：1.9~2.2 米

性成熟期：3~4 年

产卵时间：1~9 月，取决于位置

孵化期：43~45 天

产卵数：2 枚

窝数：每年 1 窝

典型食物：哺乳动物、爬行动物、鸟类，偶尔吃腐肉

寿命：最长 38 年

分布在哪里？

金雕喜欢荒原、疏林和山区。它们通常栖息在北美洲、北非、亚洲北部、中东和欧洲部分地区。

生物比较

金雕是一种大型猛禽，长着硕大的眼睛、明显的钩喙、金色的羽毛和覆盖着羽毛的腿，因此不容易被认错。幼鸟同样与众不同，所有特征都表明它是一只金雕。然而，幼鸟的翅膀和尾羽上有纯白色的块斑。

眼

捕捉挣扎的猎物时，骨嵴保护眼睛免受任何意外伤害。

翅膀

尽管有传闻金雕能叼动羊，但即使它们的翅膀那么大，也不太可能叼着这么重的东西飞行。

翅尖

金雕的翅尖有修长的手指状初级飞羽。这是为了减少摩擦，在空中更好地掌控方向。

幼年金雕

特殊的适应能力

据估计，金雕的视力是人类的 4~8 倍。这意味着它们可以在 3 千米外发现地面上的野兔。这种非凡的视力使它们能够捕捉范围广泛的猎物。

乌雕

在野外，这种乌雕越来越稀少。遗憾的是，再多的技能、再强的力量也无法弥补它们迅速减少的栖息地。

重要统计资料

体重：雄性2千克，雌性2.4千克

身长：59~69厘米

翼展：1.5~1.7米

孵化期：大约42天

初飞期：大约42天

产卵数：1~3枚

窝数：每年1窝

叫声：像狗一样的yip

典型食物：小型哺乳动物、昆虫和腐肉

习性：昼行性。迁徙

分布在哪里?

这些大型猛禽的繁殖地为从欧洲北部到亚洲东南部。它们在欧洲东南部、亚洲南部以及中东地区过冬。

生物比较

为了确保活到成年，所有鹰类的雏鸟都需要父母的大量关照。以乌雕为例，双亲都照顾雏鸟，其中雌鸟在夜间为幼鸟保暖，雄鸟在白天给它们喂食。

翅膀

乌雕通常在飞行中狩猎。发现猎物时，它们会弯着腰，然后突然俯冲。

喙

和所有猛禽一样，乌雕也有钩喙，用来撕开猎物的肉。

脚

乌雕的脚大而有力，脚上长着爪子，叫作"鹰爪"，这是猛禽捕杀猎物所特有的身体结构。

喂食幼年乌雕

特殊的适应能力

乌雕的饮食范围很广，它们喜欢捕食哺乳动物，但青蛙、蛇、腐肉和鸟蛋都是它们丰富饮食的一部分。这可以防止乌雕在食物短缺时挨饿。

白肩雕

重要统计资料

身长：70~83 厘米

翼展：1.7~2 米

性成熟期：至少 4 年

产卵时间：3~4 月

孵化期：43~44 天

初飞期：60~77 天

产卵数：2 枚

窝数：每年 1 窝

典型食物：哺乳动物和鸟类

寿命：圈养状态下最长 56 年

生物比较

白肩雕体形巨大，神情肃穆，有钩状的喙、深棕色的羽毛和覆盖着羽毛的腿。幼鸟与众不同，所有的特征都表明它是一只白肩雕。然而，它们的羽毛呈黄褐色，飞羽颜色更深，翅上有白色的横斑。

幼年白肩雕

白肩雕令人印象深刻，但在野外，它们越来越罕见，因为这种壮美的鸟的数量在不断下降。

分布在哪里？

白肩雕在整个欧洲中部繁殖，并向东延伸到蒙古国。西班牙白肩雕在西班牙和葡萄牙繁殖，现在被认为是一个独立的物种。

喙
喙强壮弯曲，喙尖有钩，可以把猎物撕成小块，一口吞下。

翅膀
翅尖有手指状的初级飞羽。它们的作用是减小摩擦，在空中更好地掌控方向。

脚
白肩雕的脚硕大有力，脚上长着爪子，为猛禽捕杀猎物所特有的身体结构。

特殊的适应能力

白肩雕隔几天产一枚卵。这意味着更大的、第一个出生的雏鹰经常欺负它的弟弟妹妹，从而获得更大份额的食物。因此，白肩雕勤勉地给幼崽分享食物，以增加每只幼崽的生存机会。

小乌雕

重要统计资料

体重: 1.2~2 千克

身长: 61~66 厘米

翼展: 134~160 厘米

孵化期: 50~55 天

产卵数: 1~3 枚 (通常 2 枚)

窝数: 每年 1 窝

典型食物: 啮齿动物、青蛙、蜥蜴和蛇

寿命: 最长 26 年

小乌雕和大乌雕看起来很像，但小乌雕尾部有白色的 "V" 字形，可以用来区分。

分布在哪里?

小乌雕出没在欧洲东部和中部的部分地区，向东南延伸到土耳其，在撒哈拉以南非洲过冬。

生物比较

小乌雕与乌雕体形相似，但小乌雕的羽毛颜色较浅，色泽较淡。头和身体都呈浅褐色，翅膀的褐色稍深，覆羽颜色较浅。通常翅上有一个白色的块斑。雄鸟和雌鸟很像，但雌鸟往往更大。

喙

小乌雕的喙呈黄色，喙尖呈黑色，有一个巨大的钩，用来撕咬猎物的肉。

腿

小乌雕的腿上覆盖着棕色的羽毛，黄色的脚掌上有黑色的长爪，用来杀死猎物。

尾

小乌雕尾上呈棕色，尾下颜色较浅。在上升的气流中翱翔时，尾羽会散开。

小乌雕

特殊的适应能力

对于鹰而言，不同寻常的是，小乌雕经常降落在地面上，在地面四处走动寻找猎物。这是它们经常捕捉青蛙、蛇和蜥蜴的方式。

普通鵟

目·隼形目·科·鹰科·种·普通鵟

普通鵟是一种大型猛禽，在欧洲大部分地区仍然很常见，可能是因为它们适应了各种各样的环境。

重要统计资料

体重：525~1000 克

身长：50~58 厘米

翼展：110~135 厘米

孵化期：28~35 天

产卵数：2~4 枚

窝数：每年 1 窝

典型食物：主要是老鼠和其他啮齿动物，也吃鸟类、大型昆虫、蚯蚓和腐肉

寿命：最长 25 年

分布在哪里？

普通鵟是一种常见的猛禽，遍布欧洲大部分地区，并且向东横跨亚洲中部到达鄂霍次克海，也出现在北美洲北部地区。它们在非洲南部过冬。

生物比较

普通鵟的颜色差异很大。通常，成鸟的颜色为棕色，从深棕色到浅棕色不一，下体颜色较浅。一些成鸟颜色更浅，上体呈灰白色，下体呈白色。脚呈黄色，眼睛从黄色到浅棕色。雄鸟和雌鸟很像，但雌鸟体形更大。

两只不同颜色
的成年鵟

翅膀

普通鵟翅膀宽大，因此能在上升气流中翱翔，可以持续几个小时。

喙

普通鵟的喙粗短有力，喙尖有钩，可以撕开猎物。

腿

宽阔的脚掌上是修长有力的脚趾和锐利弯曲的爪子，可以杀死猎物。

特殊的适应能力

普通鵟通常栖息在高处的栖木上，搜寻周围的猎物，或者借助上升气流在高空缓慢振翅飞翔。在野外，人们可以通过这种飞行方式认出它们。

隼形目

棕尾鵟

目·隼形目·科·鹰科·种·棕尾鵟

棕尾鵟是鵟属中最迷人、最优雅的成员之一。飞行时，棕尾鵟就像一只迷你金雕。

重要统计资料

身长：50~65 厘米

性成熟期：2~3 年

孵化期：大约 30 天

产卵数：2~4 枚

窝数：每年 1 窝

叫声：高亢、悲切的 me-ow

典型食物：小型哺乳动物、爬行动物和昆虫

习性：昼行性。迁徙

寿命：最长 30 年

生物比较

猛禽在空中停留很长时间以寻找食物。修长宽阔的翅膀可以让它们在上升气流中滑行，从而节省体力。棕尾鵟的翅膀比普通鵟更大，所以捕食的时候消耗的能量更少。

棕尾鵟的翅膀（上）
普通鵟的翅膀（下）

分布在哪里?

棕尾鵟更喜欢在干燥、开阔的地方捕猎。它们分布在整个欧洲中部、亚洲中部、北非，也出没在欧洲东南部的山区林地。

脚

棕尾鵟的脚硕大有力，脚上长着爪子，为猛禽捕杀猎物所特有的身体结构。

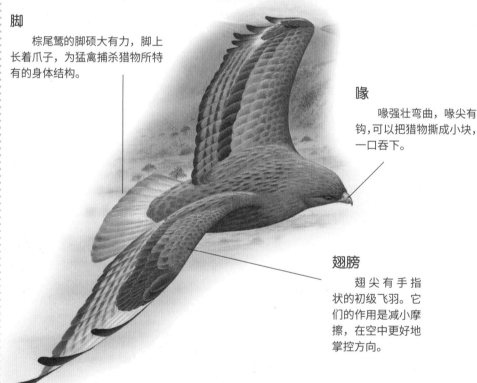

喙

喙强壮弯曲，喙尖有钩，可以把猎物撕成小块，一口吞下。

翅膀

翅尖有手指状的初级飞羽。它们的作用是减小摩擦，在空中更好地掌控方向。

特殊的适应能力

有些鸟类的生存并不取决于对自然的适应，而是取决于技能和知识。棕尾鵟知道地平线上冒烟意味着着火。所以，它们会向烟飞过去，寻找逃跑的动物，然后很轻松地就能饱餐一顿。

白头鹞

重要统计资料

体重: 雄性 540 克, 雌性 670 克

身长: 43~55 厘米

性成熟期: 3 年

产卵时间: 3~5 月开始繁殖, 取决于位置

孵化期: 31~38 天

初飞期: 35~40 天

产卵数: 3~8 枚

窝数: 每年每对伴侣 1 窝, 但雄鸟可能会与多只雌鸟交配

典型食物: 沼泽鸟类、哺乳动物和两栖动物

寿命: 通常 6 年

生物比较

像猫头鹰一样, 白头鹞脸部有一圈羽毛覆盖着它们的大耳朵。但与猫头鹰不同的是, 白头鹞在白天捕食。它们不利用听觉在夜间狩猎, 而是在高高的芦苇丛和草丛中用听觉寻找猎物。

从远处看, 白头鹞在苇丛河滩上懒洋洋地缓慢移动, 让人很容易忘记它是一个迅捷娴熟的杀手, 尽管它看起来很吸引人。

分布在哪里?

白头鹞也叫欧亚湿地鹞, 因为它们在欧洲和亚洲大部分地区繁殖。它们往往在非洲南部和亚洲的温暖气候的地方过冬。

身体

雌性白头鹞呈深褐色, 有乳白色的头顶。雄性白头鹞呈红棕色, 头和胸呈淡黄色。

头

白头鹞有许多俗名, 包括秃头鹭和白头哈比, 因为它们的头是白色的。

翅膀

滑翔的时候, 白头鹞的翅膀在背上呈 "V" 字形。

白头鹞

特殊的适应能力

在繁殖期, 白头鹞的求偶炫耀非常壮观。雄鸟扑向雌鸟, 雌鸟翻滚时伸出爪子。这种特技巧妙地被用于喂养雏鸟。雄鸟在半空中扔下食物, 雌鸟抓住食物。

白尾鹞

白尾鹞非常优雅。过去，它们因为偷猎而受到伤害。幸运的是，它们现在在大部分活动范围内都得到了保护。

重要统计资料

体重：雄性 350 克，雌性 500 克

身长：45~55 厘米

翼展：97~120 厘米

性成熟期：2~3 年

孵化期：29~37 天

初飞期：29~38 天

产卵数：3~6 枚

窝数：每年 1 窝

典型食物：小型啮齿动物、两栖动物、鸟类和腐肉

寿命：通常 7 年

生物比较

白尾鹞能够低空飞行，突然几乎垂直地扑向猎物，它们因此而著名。为了纪念它们，英国皇家空军用它命名"鹞式战斗机"，这种战斗机因能够垂直起落而闻名。

分布在哪里？

白尾鹞在欧洲、亚洲和北美洲的荒野和沼泽中繁殖。北方的白尾鹞迁徙到南方，在北非、亚洲南部和拉丁美洲中部过冬。

喙

白尾鹞的喙粗短有钩，可以撕开肉。

翅膀

在飞行时，白尾鹞的翅膀呈浅"V"字形，很容易辨认。

腿

在飞行时，白尾鹞的腿完全伸展，随时准备抓住任何毫无防备的猎物，而不需要落地。

幼年白尾鹞

特殊的适应能力

白尾鹞擅长潜行。它们的翅膀修长，滑翔时几乎可以不发出声音，就像它们紧贴地面搜寻猎物一样。然而，发现猎物时，白尾鹞会突然下降，在猎物有机会逃跑前发动突然袭击。

乌灰鹞

目·隼形目·科·鹰科·种·乌灰鹞

乌灰鹞是一种猛禽，体形中等，翅膀修长。雄鸟和雌鸟的羽毛颜色完全不同。

重要统计资料

体重：225~450 克

身长：42~48 厘米

翼展：97~115 厘米

孵化期：28~29 天

产卵数：4~5 枚

窝数：每年 1 窝

典型食物：啮齿动物、蜥蜴、青蛙、小鸟和大型昆虫

寿命：最长 16 年

分布在哪里？

乌灰鹞广泛分布于欧洲大部分地区，北至芬兰，南至西班牙；也分布于亚洲中部和南部，东至哈萨克斯坦。

生物比较

雄性乌灰鹞的背、头、颈和翅上呈瓦灰色或淡蓝灰色。翅尖呈黑色。胸和腹呈淡白色或灰白色，有红棕色的横斑。雌鸟明显比雄鸟更大，背、头、颈和翅上呈棕色，通常有深色的花纹。雌鸟下体呈浅棕色，有深色的横斑。

翅膀

乌灰鹞翅膀修长，可以优雅地飞行和有力地振翅。

眼

眼睛呈醒目的黄色，有黑色的瞳孔。

脚

乌灰鹞有着修长的黄色的腿和强壮的脚趾，爪子锋利但相对较短。

雄性乌灰鹞（左）
雌性乌灰鹞（右）

特殊的适应能力

雌鸟孵蛋时，雄鸟每天给巢中的雌鸟带来 5~6 次食物。雏鸟孵化后，通常每天被喂食 7~10 次。

黑翅鸢

目·隼形目·科·鹰科·种·黑翅鸢

重要统计资料

身长: 30~35 厘米

翼展: 71~85 厘米

孵化期: 25~33 天

初飞期: 30~35 天

产卵数: 3~5 枚

窝数: 通常 1 窝, 但黑翅鸢一年四季繁殖, 所以也可能有几窝

叫声: 偶尔 kree-ak, 但大多数时候不发声

典型食物: 小型鸟类、哺乳动物和昆虫; 如果食物短缺, 也吃腐肉

习性: 昼行性。不迁徙

寿命: 最长 10 年

生物比较

黑翅鸢是一种小型鹰, 长着醒目的珊瑚色眼睛, 脸像猫头鹰, 有黑白相间的"面具", 很好分辨。幼鸟也同样引人注目。然而, 幼鸟下体呈深灰色, 胸部呈红色。

幼年黑翅鸢

黑翅鸢具有所有最优秀的鸟类的特征: 它们像茶隼一样盘旋, 像鹞一样翱翔, 像猫头鹰一样捕猎, 像燕鸥一样飞行。

分布在哪里?

黑翅鸢在撒哈拉以南非洲和亚洲热带的开阔平原和半干旱地区安家。它们在欧洲很少见, 但在西班牙却有一小群。

头

黑翅鸢的头呈白色, 眼睛周围有一圈黑色的羽毛, 看起来就像戴了一个黑色的"面具"。

眼睛

当黑翅鸢追着猎物进入树林时, 突出的骨嵴可以保护眼睛免受伤害。

尾

黑翅鸢翅膀狭长, 在空中的轮廓像猎鹰一样, 有助于滑翔。

特殊的适应能力

许多鸟的眼睛长在脑袋两侧, 这使它们视野更开阔, 更容易发现危险。猎手的眼睛望向前方。这种双眼视觉让它们能比较两只眼睛的图像, 从而更准确地判断距离。

胡兀鹫

目·隼形目·科·鹰科·种·胡兀鹫

这种食腐动物可能看起来很高贵，但胡兀鹫的名声并不怎么好：它们会杀死羔羊，甚至把人赶下悬崖。

重要统计资料

体重：5~7 千克

身长：1~1.2 米

翼展：2.3~3 米

产卵时间：12 月至次年 2 月

孵化期：53~58 天

初飞期：106~130 天

产卵数：1~2 枚

窝数：每年 1 窝

典型食物：腐肉和骨髓

寿命：圈养状态下最长 40 年

分布在哪里？

胡兀鹫在欧洲南部很罕见，那里只剩下不到 500 对胡兀鹫繁殖后代，然而，它们在亚洲和非洲比较普遍。它们在山区和崎岖的岩石表面繁殖。

生物比较

秃鹫的头和脸通常是裸露的皮肤，以防止进食时羽毛沾上血。Lammergeier 在德语中的意思是"羔羊秃鹫"——尽管它们缺乏秃鹫的共同特征：秃头。

胡须

胡兀鹫长着突出的黑色胡须。在大部分活动范围内，胡兀鹫也叫"大胡子雕"。

身体

成年胡兀鹫的身体和头呈奶黄色。然而，它们经常在身上擦泥巴，因此导致羽毛呈锈色。

翅膀

胡兀鹫翅膀狭窄，尾羽呈楔形，因此很容易与空中的其他秃鹫区分开。

胡兀鹫

特殊的适应能力

胡兀鹫不会等着动物死去，它们学会了把猎物从高空扔下来摔死。

西域兀鹫

重要统计资料

体重：6~13 千克

身长：95~110 厘米

翼展：230~265 厘米

孵化期：51~53 天

窝数：每年 1 窝

典型食物：大型动物的腐肉，比如山羊和绵羊

寿命：最长 55 年

生物比较

西域兀鹫体形巨大，长着统一的深褐色羽毛。翅膀也是深褐色的，但飞羽部分几乎都是黑色的。头和颈覆盖着短的白色羽毛，脸通常呈灰色。脖子根部有一圈由蓬松的、灰白色羽毛组成的大领环。雄性和雌性很像，但雌鸟体形更大。

飞行中的西域兀鹫

西域兀鹫硕大威严，从前常出现在欧洲的山区，但今天已经非常稀有。

分布在哪里？

西域兀鹫分布在欧洲南部、亚洲南部和非洲北部的一些孤立的地区。在它们以前生存过的大部分地区里，西域兀鹫几乎已经灭绝。

喙

西域兀鹫的喙硕大有力，喙尖有钩，可以撕裂死去动物的皮肉。

翅膀

宽阔的翅膀可以在上升气流中长时间翱翔。

脚

西域兀鹫腿短脚大。它们不喜欢走路，而喜欢在地上蹦蹦跳跳。

特殊的适应能力

西域兀鹫在高空翱翔，寻找可以吃的动物尸体。它们拥有令人难以置信的敏锐视力，能在数千米之外发现一具尸体。

白尾海雕

重要统计资料

体重：雄性4.3千克，雌性5.5千克

身长：76~92厘米

翼展：1.9~2.4米

性成熟期：4~5年

孵化期：38天

初飞期：70~75天

产卵数：2枚

窝数：每年1窝

典型食物：鱼、鸟、小型哺乳动物、鸟蛋和腐肉

寿命：最长28年

生物比较

鹰通常在悬崖上或在高大的树上筑巢，称为鹰巢。这些巢通常是由一层又一层的木棒搭成的巨大建筑。一旦巢建好，同一家族的几代可能会年复一年地回到那里繁殖。

白尾海雕和雏鸟

白尾海雕拥有从水中抓鱼的本领，而且抓上来的鱼仍然是活的。

分布在哪里？

这些猛禽在欧洲北部和亚洲北部繁殖。它们是留鸟，尽管斯堪的纳维亚和西伯利亚的白尾海雕可能在冬天迁徙。它们的首选栖息地是湖泊和海岸。

身体

和猛禽一样，雌性白尾海雕比雄性更大更重。

翅膀

白尾海雕翅膀宽大，飞行时很省力，它们缓慢振翅，在上升气流中滑行。

脚

白尾海雕的爪子很有力，可以牢牢抓住任何光滑或挣扎的猎物。

特殊的适应能力

为了有效地捕猎，掠食者需要迅捷而安静。白尾海雕不在繁殖期时通常很安静。可是，一旦筑巢完成，夫妻（尤其是雄鸟）就会用沙哑的鸣叫宣示领域的所有权。

白头海雕

重要统计资料

体重:雄性4千克,雌性6千克

身长:71~96厘米

翼展:1.7~2.4米

性成熟期:4~5年

孵化期:35天

初飞期:70~92天

产卵数:1~3枚

窝数:每年1窝

典型食物:鱼、鸟、小型哺乳动物、鸟蛋和腐肉

寿命:圈养状态下最长50年

生物比较

　　大多数鹰会结成终身伴侣,所以寻找一个合适的配偶至关重要。求偶炫耀是这个过程的一部分,通常包括精心设计的空中特技。白头海雕的特技表演尤其令人印象深刻。它们的两只爪子紧紧抓在一起,以自由落体的形式向下螺旋运动。

一对白头海雕

白头海雕是美国的国家象征。

分布在哪里?

　　白头海雕是北美洲本土唯一的海雕。它们的首选栖息地是开阔的水域和成熟的林地,它们在这里栖息和筑巢。

头

　　事实上,白头海雕并不是秃头。它们的英文名称来自piebald(黑白花斑)一词,此词适用于任何黑白色的动物。

身体

　　白头海雕雄鸟和雌鸟的羽毛和颜色相近。然而,雌鸟比雄鸟大约重1/4。

尾

　　白头海雕与白尾海雕有亲缘关系。然而,白头海雕的身体呈深褐色,头和尾羽呈白色。

特殊的适应能力

　　所有海雕都有一双强壮的爪子,用来抓住挣扎的猎物。白头海雕还有额外的武器,也就是它们高度发达的后趾,后趾可以用来切开猎物,触及里面柔软的肉。

非洲海雕

重要统计资料

身长：63~80 厘米

翼展：雄性 2 米，雌性 2.4 米

性成熟期：5 年

孵化期：42~45 天

初飞期：67~75 天

产卵数：1~3 枚

窝数：每年 1 窝

典型食物：鱼，尤其是鲶鱼和肺鱼，偶尔也吃小鸟

寿命：通常 12~15 年

生物比较

与其他鸟类相比，大型鸟类，尤其是猛禽，初飞期较长。幼年非洲海雕（如下图）需要长达 5 年的时间才能褪去斑驳的褐色和白色羽毛，长出成鸟的漂亮羽毛。

幼年非洲海雕

非洲海雕那令人难以忘怀、传播深远的叫声广为人知，以至于人们将它们誉为"非洲之声"。

分布在哪里？

这种体形硕大、令人印象深刻的猛禽遍布撒哈拉以南非洲。它们的首选栖息地是大河、湖泊和水坝，在附近的树上筑巢。

翅膀

如果携带特别重的猎物，非洲海雕不会飞行。相反，它们会沿着水面滑行，直到抵达岸边。

腿

非洲海雕的腿上只有部分有羽毛。这可以防止羽毛被水浸湿，影响它们的飞行能力。

脚

非洲海雕的脚掌布满了细小的刺，因此能够抓住湿漉漉的扭动的猎物。

特殊的适应能力

非洲海雕拥有锐利的爪子和强大的喙，是高效的掠食者，许多鸟栖息的时间比捕猎的时间长。并不是说它们总是费心地去捕猎，有时候它们也偷其他鸟的猎物。

角雕

壮美的角雕是一种拉丁美洲鸟，是鹰科中最大的成员之一，也是世界上最强壮的猛禽之一。

重要统计资料

体重：雄性 4~5 千克，雌性 6.5~8 千克

身长：雄性 89~120 厘米，雌性 1~1.1 米

性成熟期：4~5 年

孵化期：53~58 天

初飞期：大约 180 天

产卵数：1~2 枚。孵出第一枚后，其他卵通常被抛弃

窝数：每 2~3 年 1 窝

叫声：雄性发出怪异悲切的告警声

典型食物：树栖哺乳动物、爬行动物，偶尔吃鸟类

习性：昼行性。不迁徙

生物比较

大型鸟类需要很长时间才能完全成熟。以角雕为例，幼鸟（如下图）需要大约 4 年时间才能长出成鸟的引人注目的石板黑羽毛、白色下体和双冠羽。

幼年角雕

分布在哪里？

角雕在拉丁美洲的热带低地森林中筑巢，从墨西哥东南部到巴西南部，最远到阿根廷东北部。

喙

角雕的喙尖有钩，可以撕开猎物的肉。

翅膀

角雕的翅膀短小宽阔，因此这种掠食者的速度最高能达到 80 千米 / 小时。

脚

爪子长达 13 厘米，比灰熊的爪子还长。

特殊的适应能力

角雕的腿可能相对较短，但这腿像小孩子的手腕一样粗。这种极端的结构是必要的，因为这种鸟的腿就像巨大的减震器，当角雕向猎物猛冲时可以缓解冲击力。

高冠鹰雕

目·隼形目·科·鹰科·种·高冠鹰雕

优雅的高冠鹰雕是高冠鹰雕属中唯一的成员，头顶有高耸的羽毛。

重要统计资料

体重：雄性 0.9~1.3 千克,
雌性 1.3~1.5 千克

身长：53~58 厘米

翼展：1.2~1.5 米

孵化期：40~43 天

产卵数：1~2 枚

窝数：每年 1 窝

典型食物：啮齿动物尤其是鼠、鼩鼱、鸟类、爬行动物和大型昆虫

寿命：15~20 年

分布在哪里?

高冠鹰雕广泛分布在撒哈拉以南非洲，但非洲之角和南非的大部分地区却没有高冠鹰雕的踪迹。在撒哈拉以南非洲南方，高冠鹰雕只出现在沿海地区。

生物比较

身体和翅上呈统一的棕黑色。翅下有醒目的白色翅尖，同时有白色块斑形成的长条纹。雄鸟的脚呈醒目的黄色。雌鸟和雄鸟很像，但雌鸟体形更大，腿和脚呈棕色。雄鸟和雌鸟的头顶都有一大簇羽毛。

头

高冠鹰雕的冠羽由长羽毛组成。栖息时，冠羽会竖起来；而飞行时，冠羽保持平直。

翅膀

细长的翅膀非常适合在上升的热气流中翱翔。

尾羽

宽阔的尾羽有三条独特的浅色横斑，在飞行的时候可以根据这一点辨别。

雄性高冠鹰雕

特殊的适应能力

喙短小有力，弯曲明显，上喙的喙尖有钩，这是猛禽的典型适应特征，为了撕咬肉。

黑鸢

重要统计资料

体重：600~900 克

身长：55~60 厘米

翼展：130~150 厘米

孵化期：30~35 天

产卵数：2~3 枚

窝数：每年 1 窝

典型食物：所有小型脊椎动物、腐肉和死鱼

寿命：最长 25 年

生物比较

羽毛呈斑驳的棕色，翅上颜色较浅，翅下呈红棕色。头部通常成灰色。雄鸟和雌鸟很像，但雌鸟可能稍微大一些。飞行时，黑鸢很容易与它们的近亲鸢类区分开，因为黑鸢整体颜色较深，尾羽分叉不那么明显。

黑鸢

黑鸢不像其他大型猛禽，经常可以看到它们在城市的上空翱翔。

分布在哪里?

黑鸢遍布欧洲大部分地区和亚洲，在撒哈拉以南非洲的大部分地区也很常见。它们也出现在澳大利亚和新几内亚。

尾

黑鸢尾羽修长，尾尖有一个很浅的分叉，在飞行时可以通过这一点辨别。

身体

年轻的成鸟背部有点斑，而年长的成鸟背部的棕色更均匀。

喙

黑鸢的喙很短，喙尖有强壮的钩，可以撕开各种猎物。

特殊的适应能力

黑鸢分布范围较广。这可能是因为它们能以各种各样的猎物为食，甚至是腐肉。

红鸢

16 世纪前后，红鸢非常普遍，以至于被认为是害鸟。如今，无论在哪里，这种稀有的猛禽都是受欢迎的访客。

重要统计资料

体重：雄性 1 千克，雌性 1.2 千克

翼展：1.4~1.6 米

性成熟期：2~7 年

孵化期：31~32 天

初飞期：50~60 天

产卵数：2 枚

窝数：每年 1 窝

典型食物：腐肉，还有一些昆虫和小型哺乳动物

寿命：最长 26 年

分布在哪里?

红鸢曾经在它们的欧洲家园很常见，但现在越来越稀少。然而，将该物种重新引入英国和爱尔兰的尝试取得了一定的成功。

生物比较

和一般的猛禽一样，红鸢的雌鸟和雄鸟看起来很像，但雌鸟通常更大、更重。幼鸟(如下图)和它们的父母很像，下体呈红色，但是从空中看，下体颜色更浅，因为它们身上有黄色的条纹。

身体

胸和腹呈深红色，这是它们名字的由来。

翅膀

红鸢习惯晚起，它们等太阳把空气晒暖，这样它们就可以随气流上升。

尾

在飞行时，红鸢修长的叉状尾羽不断地扭动和收缩，这是在转向。

幼年红鸢

特殊的适应能力

鸢类之所以成为飞行能手，完全归因于空气动力学。在飞机上，左右机翼呈"上反角"。这保证了飞机的稳定性，防止飞机在空中左右摇摆。同样的原理也适用于鸢类。

白兀鹫

在古代，白兀鹫被认为是神圣的鸟。

重要统计资料

体重：2.1 千克

身长：60~70 厘米

翼展：1.5~1.8 米

性成熟期：4~5 年

孵化期：大约 42 天

产卵数：1~3 枚

窝数：每年 1 窝

典型食物：腐肉和蛋

寿命：圈养状态下最长
37 年

分布在哪里？

白兀鹫分布在欧洲
南部、非洲、亚洲和中
东。这种适应性强的物
种逐渐放弃自然栖息
地，进入城市地区，在
垃圾堆中觅食。

生物比较

成年白兀鹫有着蓬
松的白色羽毛和黄色的
脸，看上去跟它们的幼
崽几乎没什么差别。幼
鸟呈深褐色，翅尖和腹
部呈赭色，形成鲜明的
对比。随着性成熟，成
鸟的颜色会在大约 5 年
内逐渐形成。

翅膀

白兀鹫身体较轻，翼展较
小，相对于体形较大的秃鹫，
它们需要更频繁地振翅才能在
空中飞行。

身体

和胡兀鹫一样，白兀
鹫把含氧化铁的泥土涂在
羽毛上，这样它们的羽毛
就会变成浅粉红色。

尾

白兀鹫有独特
的钻石状尾羽，飞
行时很容易与其他
秃鹫区分开。

幼年白兀鹫

特殊的适应能力

白兀鹫的大脑弥补了肌肉的不足。和其他秃鹫
相比，它们的喙可能很小，但足够装下用来砸开蛋
的石头。这种行为不是本能的——父母教给孩子这
样做。

蜂鹰

蜂鹰这种中型猛禽，其食谱非常与众不同。

重要统计资料

体重：450~1000 克

身长：52~60 厘米

翼展：120~150 厘米

孵化期：30~35 天

产卵数：1~4 枚（通常 2~3 枚）

窝数：每年 1 窝

典型食物：群居黄蜂的幼虫、蛹和蜂巢，也吃青蛙、蜥蜴、啮齿动物和鸟类

分布在哪里?

蜂鹰分布在欧洲大部分地区、俄罗斯西部和中部以及亚洲西部。蜂鹰是一种候鸟，在撒哈拉以南非洲过冬。

生物比较

雄性蜂鹰长着灰色的脑袋和棕色的身体。翅上也呈棕色，有许多较深的斑纹。下体和翅下呈白色，有明显的黑色横斑，覆羽区有一大块黑色块斑，翅尖呈深褐色。雌鸟比雄鸟更大，脑袋多为棕色。

尾

蜂鹰的尾羽宽阔，呈扇形，尾下有两条独特的黑色带子，通过这一特征很容易在空中辨别。

头

蜂鹰的黄色眼睛很小，炯炯有神，和大多数猛禽一样，它们的视力非常敏锐。

翅膀

翅上颜色很单调，翅下的图案生动得多。

雄性蜂鹰

特殊的适应能力

和它的近亲鸢类不同，蜂鹰主要吃群居的黄蜂、大黄蜂和蜜蜂的幼虫和蜂巢。据说，蜂鹰的羽毛可能含有某种化学物质，能保护自己不被这些愤怒的昆虫蜇伤。

螺鸢

重要统计资料

体重: 453.5 克

身长: 40~45 厘米

翼展: 1.2 米

性成熟期: 1~3 年

产卵时间: 2~6 月, 取决
于气候条件

孵化期: 26~28 天

产卵数: 2~4 枚

窝数: 每年 1 窝, 可能
有更多, 因为螺鸢经常
有多个伴侣

典型食物: 苹果螺

习性: 昼行性。不迁徙

生物比较

　　螺鸢雌雄异形, 雄
鸟和雌鸟的大小和颜色
不同。雄鸟通常是瓦灰
色, 长着亮橙色的腿;
雌鸟通常呈深棕色, 下
体有条纹, 腿为黄色。
幼鸟和雌鸟很像。

幼年螺鸢

　　螺鸢食物单一, 这在鸟类世界中非常特殊。它们几乎只吃小的、生长在淡水中的苹果螺。

分布在哪里?

　　螺鸢也叫"大池沼
地鸢", 因为它们在湿
地、沼泽和大沼泽地安
家。南美洲、中美洲以
及古巴的螺鸢是留鸟。

翅膀

螺鸢翅膀宽大, 身体
纤瘦虚弱, 相对于其他鸢
类显得有些笨拙。

尾

修长的尾羽长
在白色的腰上, 与
黑色的上体形成鲜
明的对比。

眼

雄性螺鸢和雌
性螺鸢的眼睛都是
红色的。这有助于
跟拉丁美洲的黑臀
食螺鸢区分开, 因
为两者很像。

特殊的适应能力

　　为了抓住喜欢的食物苹果螺, 螺鸢从空中俯冲下来,
把它从水里拉出来。一旦上岸, 螺鸢就会一边用一只脚
抓住苹果螺, 一边把螺肉从壳里撬出来。

短尾雕

目·隼形目·科·鹰科·种·短尾雕

这种非洲著名的食蛇鹰以法语中"走钢丝的杂技演员"命名（短尾雕名字中的 Bateleur 在法语中的意思是"街头艺人"），这是指它们在空中左右摆动，好像在保持平衡。

重要统计资料

身长: 56~61 厘米

翼展: 1.7 米

性成熟期: 7 年

孵化期: 52~60 天

初飞期: 93~194 天

产卵数: 1 枚

窝数: 每年 1 窝

典型食物: 蛇和其他爬行动物、鸟类、哺乳动物、昆虫和腐肉

习性: 昼行性。不迁徙

寿命: 最长 23 年

分布在哪里?

这种壮美、花纹醒目的鹰分布在撒哈拉以南非洲的大部分地区。它们的首选栖息地是开阔草地和稀树草原，附近有足够高大的树可以筑巢。

生物比较

猛禽的幼崽需要很多关照。短尾雕需要 110 天才长到足够强壮，能够离开巢穴，但离巢 100 天内它们仍然会回来进食。尽管得到这么多的照顾，但是依然只有很少一部分短尾雕能活到成年。

翅膀

翅下灰色的次级飞羽表明这是一只雌性短尾雕。

尾

短尾雕学名中的 *ecaudatus* 在拉丁语中的意思是"无尾"，这是指它们的尾羽异常短。

脚

短尾雕以蛇为食。坚硬的、覆盖在脚上的鳞片可以保护它们不被咬伤。

幼年短尾雕

特殊的适应能力

为了提供额外的升力，短尾雕比大多数猛禽有更多的次级飞羽（如左图中灰色部分）。修长的手指状初级飞羽提供了额外的控制力，短尾雕因此可以滑翔数小时，毫不费力地在大片领域上巡飞。

黑美洲鹫

目·隼形目·科·美洲鹫科·种·黑美洲鹫

黑美洲鹫经常出现在城市附近。美洲的鹫形成自己的种群，与非洲和亚洲的鹫没有亲缘关系。

重要统计资料

身长: 56~68 厘米

翼展: 135~150 厘米

孵化期: 35~45 天

产卵数: 2 枚

窝数: 每年 1 窝

典型食物: 腐肉、垃圾、其他鸟类的蛋和幼崽、大型昆虫、爬行动物、两栖动物、蔬菜

寿命: 未知，但很可能超过 25 年

分布在哪里?

除了巴塔哥尼亚和安第斯山脉，黑美洲鹫遍布美国南部的大部分地区、中美洲以及南美洲的大部分地区。

生物比较

黑美洲鹫呈均匀的墨黑色，除了几根大的飞羽上有一些较浅的条纹外，几乎没有其他花纹。头部也呈黑色，但完全没有羽毛，灰黑色的皮肤上布满皱纹，皮肤会迅速冷却从而控制体温。腿修长，腿下部裸露，呈灰色。雄鸟和雌鸟很像。

翅膀

在寻找猎物时，宽大的翅膀可以有效地在上升热气流中翱翔。

喙

喙修长，略微弯曲，非常适合撕咬腐肉和垃圾。

头

头是秃的，这样觅食的时候羽毛就不会沾上血、油脂和污垢。

黑美洲鹫

特殊的适应能力

黑美洲鹫会在把便排在大腿上从而降温。液体蒸发的时候，会从身上带走热量。许多鹳也有这样的习惯。黑美洲鹫头部的皮肤褶皱也有助于降温。

加州秃鹫

目·隼形目（有争议）·**科**·美洲鹫科·**种**·加州秃鹫

雄健的加州秃鹫曾经受到古代人们的崇拜。可悲的是，现在它们变得很稀有，这也是它们被人们所熟知的主要原因。

重要统计资料

体重: 8~9 千克

身长: 1.2~1.5 米

翼展: 3 米

性成熟期: 6 年

产卵时间: 2~4 月

孵化期: 55~60 天

产卵数: 1 枚

窝数: 每 2 年 1 窝

典型食物: 腐肉

寿命: 最长 50 年

分布在哪里？

这些新大陆的秃鹫曾经遍布美国的太平洋海岸。如今，只有一小群出现在科罗拉多大峡谷、帕德里斯国家森林公园和亚利桑那州。

生物比较

幼年加州秃鹫的身体呈黑色。然而，它们的脑袋不呈红色，而是黄褐色的；翅下的飞羽也不是白色，而是斑驳的灰色。它们长出成鸟特有的羽毛，大约需要6年。

翅膀
加州秃鹫翅膀宽大，为其飞翔提供了最大的升力。

喙
喙尖有锋利弯曲的钩子，可以把猎物撕成小块，然后一口吞下。

身体
通常，猛禽中雌鸟比雄鸟体形更大。然而，雌性加州秃鹫的体形比雄性要小。

幼年加州秃鹫

特殊的适应能力
加州秃鹫的翅膀长度几乎是金雕的 1.5 倍，宽是 2 倍。

王鹫

王鹫长着醒目的颈羽、乳白色和黑色的身体，它们不太可能被误认成它们那些体形较小、体色黯淡的亲戚。

重要统计资料

体重：3~4.5 千克

身长：71~81 厘米

翼展：1.8~2 米

性成熟期：4 年

产卵时间：通常在食物充足的旱季

孵化期：53~58 天

产卵数：1 枚

窝数：每 2 年 1 窝

典型食物：腐肉

寿命：圈养状态下最长30 年

生物比较

成年王鹫很引人注目，但幼鸟更引人注目。幼年王鹫浑身呈灰黑色，看起来有点像非洲秃鹫，尽管两者没有亲缘关系。长出黑色羽毛、颈羽和面部斑纹大约需要 4 年。

分布在哪里?

人们对王鹫的了解不多，部分原因是它们的首选栖息地是与世隔绝的热带森林和草原。然而，它们的种群被发现在中美洲和南美洲。

头

王鹫没有喉头。因此，它们只能偶尔发出刺耳的声音。

翅膀

王鹫翅膀硕大，翅尖有手指状的初级飞羽。这是为了减少摩擦以及在空中更好地掌控方向。

脚

王鹫是食腐动物，它们不捕猎，因此爪子不锋利，无法携带猎物。

幼年王鹫

特殊的适应能力

作为一只食腐动物是很麻烦的，在进食的过程中，羽毛会浸满血，几乎不可能保持干净。这就是为什么王鹫的头部没有羽毛，而是裸露着皮肤。

安第斯神鹰

目·隼形目·科·美洲鹫科·种·安第斯神鹰

安第斯神鹰翼展巨大，因此成为西半球最大的陆生鸟类。

重要统计资料

体重：雄性 11~15 千克，雌性 8~11 千克

身长：1~1.3 米

翼展：3~3.2 米

性成熟期：5~6 年

孵化期：54~58 天

初飞期：44~50 天

产卵数：1~2 枚

窝数：每 2 年 1 窝。如果失去雏鸟，会再产一枚卵取代

典型食物：腐肉，偶尔也吃小型哺乳动物和蛋

寿命：通常 50 年

生物比较

安第斯神鹰的雏鸟刚出生的时候全身覆盖着柔软的灰色绒羽。直到它们长得几乎和父母一样大，才开始长出成年羽毛。即使到了那时，也要完全成熟才能长出成鸟的引人注目的白色颈羽和翼板。

幼年安第斯神鹰

分布在哪里？

安第斯神鹰是安第斯山脉的原住民，它们曾遍布从委内瑞拉到火地岛的整个山脉。然而，它们在哥伦比亚等地很少见，那里合适的栖息地正在减少。

头

美洲鹫科的鸟类通过嗅觉觅食，能够探测到腐烂动物的气味。

翅膀

尽管身体很重，但巨大的翅膀表面能使它们在上升气流中轻松地滑翔。

脚

安第斯神鹰主要是食腐动物，它们不捕猎，所以不需要特别强壮的脚抓住和携带猎物。

特殊的适应能力

猛禽的两性看起来很相似，因为雌鸟不需要伪装——它们本身就是猎手！然而，雄性安第斯神鹰有着令人印象深刻的头部羽饰，而雌性没有。

北美凤头卡拉鹰

北美凤头卡拉鹰是猛禽，但是它们不自己狩猎，而是从其他鸟类那里捡食和偷窃。

重要统计资料

身长：49~58 厘米

翼展：1.2 米

产卵时间：1~3 月

孵化期：28~32 天

初飞期：至少 56 天

产卵数：2~3 枚

窝数：每年 1~2 窝

叫声：大多时候不发声

典型食物：小型哺乳动物、爬行动物、两栖动物和一些腐肉

寿命：未知

生物比较

北美凤头卡拉鹰的腿修长，因此看起来和许多类型的鹰很像。然而，这些美丽的猛禽既不是雕，也不是鹰，而是属于隼科。

分布在哪里？

凤头卡拉鹰有两种：北美凤头卡拉鹰和南美凤头卡拉鹰。南美凤头卡拉鹰生活在亚马孙河以南。北美凤头卡拉鹰分布在从美国加利福尼亚州到得克萨斯州，最远到美国和墨西哥边境。

尾

长尾羽上有条状花纹，上面是黑白相间的条纹。尾尖是一条宽阔的黑色带子。

头

从喙根到颈部，散开的短羽毛赋予了北美凤头卡拉鹰独有的黑色冠羽。

脚

凤头卡拉鹰的腿修长强壮，是所有隼类中最接近陆栖的鸟，它们大部分时间都是在地面度过。

飞行中的北美凤头卡拉鹰

特殊的适应能力

凤头卡拉鹰是机会性觅食者，几乎什么都吃。它们是众所周知的偷窃寄生鸟类，会从其他鸟那里偷食物，尽管它们本身是熟练的猎手。可以经常看到它们以腐肉为食，跟在秃鹫（群）后面。

灰背隼

目·隼形目·科·隼科·种·灰背隼

小巧的灰背隼以其美丽和狩猎技巧而闻名。在许多观鸟者看来，只要瞥一眼这些优雅的鸟类，就会感到不可思议。

重要统计资料

体重：雄性 180 克，雌性 230 克

身长：26~33 厘米

翼展：55~69 厘米

性成熟期：1~2 年

孵化期：28~32 天

初飞期：25~27 天

产卵数：3~5 枚

窝数：每年 1 窝

典型食物：小型鸟，尤其是草地鹨

寿命：最长 12 年

分布在哪里?

这些小型猛禽在欧洲北部、亚洲和北美洲繁殖。冬天，它们向南迁徙到温暖的地区，如北非、中国南部和拉丁美洲的部分地区。

生物比较

灰背隼是欧洲最小的隼。雌性灰背隼比雄性略大、略重。通常上体呈棕色，胸部呈白色，有黑色的杂毛。

叫声

狩猎时，灰背隼通常很安静。然而，成鸟偶尔会在巢中发出尖锐短促的 ki-ki-ki-ki 告警声。

身体

雄性灰背隼上体呈蓝灰色，胸和喉呈锈橙色。它们可能是最漂亮的猛禽之一。

翅膀和尾

从空中看，灰背隼像小型游隼，因为它们的翅膀形状相同，而且都有修长的方形尾羽。

特殊的适应能力

灰背隼捕猎云雀。云雀因为求偶表演而著名。云雀笔直地飞起来，一边飞行一边鸣啭，直到看不见为止。尽管如此，灰背隼还是能抓住云雀。灰背隼的翅膀形状使它们在空中飞得更快。

雌性灰背隼

埃莉氏隼

重要统计资料

身长: 36~42 厘米

翼展: 87~100 厘米

性成熟期: 2~3 年

产卵时间: 7~8 月

孵化期: 28~30 天

初飞期: 35~44 天

产卵数: 2~3 枚

窝数: 每年 1 窝

典型食物: 鸟和大型昆虫

寿命: 未知

埃莉氏隼的名字很奇怪，源自撒丁岛的一位军事指挥官，这位指挥官在 14 世纪通过了一项保护猛禽的法令。

分布在哪里?

埃莉氏隼生活在地中海的岩石悬崖上，其中以希腊居多，2/3 的种群在这里繁衍后代。它们在马达加斯加、东非和一些印度岛屿过冬。

生物比较

不同于一般的猛禽，成年埃莉氏隼有两种不同颜色的变种。深棕色的埃莉氏隼可能更引人注目。浅灰色的埃莉氏隼有红色的胸和白色的脸颊，很容易被与幼年燕隼混淆。

尾

颀长的翅膀，修长的尾羽，流线型的身体，埃莉氏隼因此成为熟练的空中猎手。

脚

埃莉氏隼的脚强壮有力，是专为在空中捕捉鸟而设计的，当猎物想挣脱的时候，脚可以紧紧地抓住它们。

身体

这只乌棕色的埃莉氏隼外表非常引人注目。颜色较浅的变种更加常见。

幼年埃莉氏隼

特殊的适应能力

在空中，人们很容易把雨燕和埃莉氏隼弄混。事实上，从轮廓来看，雨燕（如左图）看起来像小埃莉氏隼。原因是这两种鸟都一边飞行一边捕食，修长而后掠的翅膀可以增加速度和机动性。

游隼

游隼是地球上速度最快的生物之一，可达 290 千米 / 小时。

重要统计资料

体重：雄性 670 克，雌性 1 千克

身长：雄性 38~45 厘米，雌性 46~51 厘米

翼展：雄性 89~100 厘米，雌性 100~110 厘米

性成熟期：2~3 年

产卵时间：不定，因位置而异

孵化期：29~33 天

产卵数：3~4 枚

窝数：每年 1 窝，如果第一窝没孵出来，可能有第二窝

典型食物：鸟，偶尔也吃哺乳动物

寿命：通常 5 年

生物比较

幼年游隼（雏鹰）与它们的双亲有许多不同之处。首先，幼年游隼的脚往往呈蓝灰色，而不是黄色。其次，幼年游隼的身体呈棕色，下体有大量条纹，而成鸟下体有醒目的横斑。

幼年游隼（雏鹰）

分布在哪里？

游隼栖息在荒野、海岸甚至城市，只要环境合适，它们就可以筑巢。游隼虽然分布很广，但很少出现一大群。

眼

游隼扑向猎物时，瞬膜（第三眼睑）保护眼睛免受灰尘和伤害。

翅膀

一旦发现猎物，游隼就会开始它们著名的弯腰动作——把尾羽和翅膀折叠起来，使自己呈流线型。

脚

锐利的爪子会在半空中攻击猎物，通常游隼会立即杀死猎物，然后调整方向，在猎物下落时抓住它。

特殊的适应能力

飞行中的游隼通常一击足以致命。然而，如果猎物幸存下来，游隼就会用上颌的一颗特殊的牙齿咬断猎物的脖子。它们的喙尖有锐利弯曲的钩，可以把猎物撕成小块，然后一口吞下。

燕隼

重要统计资料

体重：130~230 克

身长：31~36 厘米

翼展：70~84 厘米

孵化期：28~31 天

产卵数：2~3 枚

窝数：每年 1 窝

典型食物：小鸟、大飞虫，尤其是蜻蜓

寿命：最长 15 年

生物比较

头顶、颈、背和翅膀呈石板灰或棕色。喉部呈白色，胸和腹也呈白色，有明显的黑色斑纹。腿上部的羽毛和尾下呈浅棕色或浅黄色。雌鸟和雄鸟很像。幼鸟的羽毛呈黑色，腿和尾羽没有浅黄色的羽毛。

燕隼

燕隼小巧优雅，迅捷灵敏，可以在空中捕捉燕子和雨燕。

分布在哪里？

燕隼广泛分布在欧洲大部分地区，但北极地区除外。它们也分布在俄罗斯，向东延伸到鄂霍次克海。燕隼在非洲过冬。

尾

尾羽修长宽阔。燕隼高速追逐猎物时，尾羽的操纵很重要。

翅膀

翅膀修长，呈流线型，适合快速和机动飞行。

脚

燕隼有黄色的大脚和强壮的脚趾，脚趾上长着锋利的黑色爪子，可以杀死猎物。

特殊的适应能力

燕隼在撒哈拉以南非洲过冬。大型昆虫出来繁殖的时候，燕隼已经开始吃大量的飞白蚁。

红隼（普通）

重要统计资料

体重：雄性 155 克，雌性 184 克

身长：31~37 厘米

翼展：68~78 厘米

性成熟期：1 年

产卵时间：4~5 月

孵化期：28~29 天

产卵数：3~6 枚

窝数：每年 1 窝

典型食物：小昆虫和哺乳动物，尤其是甲虫和田鼠

寿命：最长 16 年

生物比较

如下图所示，雌性红隼在外表上与它们的幼崽非常相似。它们的背和尾羽都呈红棕色，有横斑。相比之下，成年雄性红隼的头和下体呈明显的蓝灰色。

雌性红隼（左）
幼年红隼（右）

捕猎时，红隼在空中盘旋，看上去几乎是静止不动的。它们飞行时姿态优雅，技巧高超，并因此而闻名。

分布在哪里？

这些小型猛禽在欧洲、亚洲以及非洲南部和中部很普遍。在它们的活动范围内，红隼有各种各样的当地名称，比如欧亚红隼。

翅膀

隼都有修长的尖翅膀，红隼也不例外。（Falcon 在拉丁语中的意思是"镰刀"，这是指隼的翅膀形状。）

眼

大眼睛给了红隼令人难以置信的视力。它们能看见 50 米外的一只甲虫，然后抓住它。

脚

红隼的黄色腿上长着四只锋利的爪子，可以抓住并撕咬猎物。

特殊的适应能力

狩猎中的红隼非常壮观。在追踪地面猎物的时候，红隼的短脖子能够保持头部几乎完全静止。它们利用翅膀和尾羽对位置进行微小的调整，使自己保持在空中。

笑隼

重要统计资料

体重：雄性 410~680 克，
雌性 600~800 克

身长：46~56 厘米

初飞期：大约 57 天

产卵数：1~2 枚

窝数：每年 1 窝

典型食物：蛇、一些小型
爬行动物和哺乳动物

习性：迁徙

寿命：圈养状态下最长
14 年

从名称来看，"笑隼"可能听起来是无害的。然而，它们的另一个名字"蛇鹰"更能突出它们作为猎手的技巧和勇武。

分布在哪里?

笑隼会在岩石裂缝、树洞里筑巢，偶尔也会在其他猛禽废弃的巢穴里筑巢。笑隼在拉丁美洲最常见，分布范围为从墨西哥到阿根廷北部。

生物比较

笑隼学名中的 *cachinnans* 在拉丁语中的意思是"大声笑"，这是指笑隼配偶之间用于交流的奇怪的叫声。笑隼并不是唯一会发出奇怪叫声的鸟类，但它们的叫声是最有趣的。

头

笑隼的黑色"面具"很引人注目，但它有一个实用的功能——使眼睛不那么容易成为蛇的目标。

尾

笑隼的雌鸟和雄鸟体形不同，雌鸟尾羽稍长，身体更重。

翅膀

追逐蛇时，敏捷比速度更重要。所以笑隼的翅膀很短，是专为在狭窄的空间飞行而设计的。

飞行中的笑隼

特殊的适应能力

许多猛禽擅长空战，但笑隼是耐心的掠食者，它们躲在树梢，伺机扑向经过的蛇。然而，有毒的猎物是危险的，所以笑隼的脚披着一层坚硬的鳞片，保护它们不被咬伤。

鹗

独特而专业的鹗，也被称为"海鹰""鱼鹰"或"鱼雕"，这是因为鹗的捕鱼技巧非常高超。

重要统计资料

体重：1.5 千克

身长：52~60 厘米

翼展：1.5~1.7 米

性成熟期：3 年

孵化期：44~59 天

初飞期：44~59 天

产卵数：1~4 枚

窝数：每年 1 窝

典型食物：鱼类、一些小型哺乳动物、两栖动物和爬行动物

寿命：通常 8 年

生物比较

雄鹗和雌鹗的体形和颜色很像，但雄鹗身材更纤瘦，翅膀更窄。幼鸟（如下图）上体颜色较浅，羽毛尖端呈白色。幼鸟翅膀上的横斑更明显，因此在飞行中更容易辨别。

分布在哪里？

没有什么比鹗潜水捕食更令人印象深刻的了。幸运的是，许多观鸟者可以欣赏到这一景象，因为除了南极洲外，它们分布在每一个大陆。

翅膀

卫星追踪显示，鹗在冬季迁徙期间每天可以飞行430 千米。

腹

鹗的下体呈浅白色或全白，因此它们在空中时，猎物和掠食者很难从下面发现它们。

颈羽

鹗的后脑勺上竖起一圈羽毛，这可能是为了让它们看起来更庞大。

幼年鹗

特殊的适应能力

鹗是唯一一种外趾可翻转的猛禽，前后两个脚趾可以牢牢抓住猎物。这种有力灵活的抓力很重要，因为鹗经常捕捉比自己重得多的鱼。

蛇鹫

重要统计资料

体重：3.3 千克

身高：1.2 米

翼展：2 米

性成熟期：2~3 年

孵化期：42~46 天

初飞期：70~100 天

产卵数：1~3 枚

窝数：每年 1~2 窝

典型食物：昆虫，偶尔也吃鸟类和爬行动物，特别是蛇

习性：昼行性。不迁徙

生物比较

在繁殖期，蛇鹫会表演精心设计的求偶炫耀，它们会像追逐猎物一样扬起翅膀相互追逐。在这个过程中，它们修长的、鹅毛笔一样的冠羽会高高昂起。平时，这些羽毛会垂到脖子上。

在求偶炫耀时，成鸟的长冠羽昂起

蛇鹫长着鹰的脑袋和鹤的细长的腿，它们几乎算得上是一种奇怪的、神话中的野兽。

分布在哪里？

蛇鹫喜欢撒哈拉以南非洲的开阔草原和稀树草原，范围从塞内加尔到南非。它们不迁徙，但会随着喜爱的食物长途跋涉。

头

蛇鹫的英文名得名于它们的冠羽，看起来就像鹅毛笔夹在耳朵后面，过去的秘书经常这样做。

喙

这种奇怪的鸟长着向下弯曲的短喙，喙的根部有一块裸露的红色和黄色皮肤。

脚

蛇鹫会飞，但它们主要是陆生的，这是少数几种习惯步行狩猎的猛禽之一。

特殊的适应能力

蛇鹫的长腿已经适应了每天在地面行走12 千米。蛇鹫偏爱蛇，用有爪的脚趾抓住蛇，然后用喙把蛇啄死。

日鸦

目·鹤形目（审查中）·科·日鸦科·种·日鸦

重要统计资料

身长：43~48 厘米

性成熟期：2~3 年

孵化期：30 天

初型飞行：20~22 天

产卵数：1~2 枚

窝数：每年 1~2 窝

叫声：kak-kak-kak-kak

典型食物：蜘蛛、昆虫、小型爬行动物和两栖动物

习性：昼行性。不迁徙

寿命：圈养状态下最长 30 年

生物比较

不同寻常的是，日鸦的雄鸟、雌鸟和幼鸟几乎没有什么差别。然而，在不同的分布范围内，日鸦的外表的确不同，以至于一度被认为是两个物种——来自亚马孙盆地的 *E. helias* 和来自中美洲的 *E. major*（如下图）。

成年日鸦

日鸦擅长吓唬人。危险来临时，它们会张开翅膀，露出一双巨眼，把捕食者吓一跳。

分布在哪里？

日鸦最喜欢的栖息地是拉丁美洲南部和中部的热带林地。它们生活在海拔 100~1200 米高处的激流、池塘和沼泽附近。

翅膀

日鸦很少飞到空中。但它们翅膀宽大、羽毛浓密，飞起来的时候几乎悄无声息。

腿

日鸦有一双长腿。因此很容易穿过岩石、河流和小溪寻找猎物。

脚趾

日鸦有三个朝前的长脚趾和一个朝后的短脚趾，能够在地面保持稳定，也可以抓住树枝。

特殊的适应能力

危险来临时，日鸦会像举盾牌一样举起双翼，把自己伪装起来。保持这个姿势（如左图），翅膀上的栗色图案看起来像两只大眼睛或太阳黑子。这样的自然适应性特征是为了吓跑潜在的捕食者。

黑冠鹤

重要统计资料

体重：3.6 千克

身长：1~1.5 米

翼展：1.87 米

性成熟期：2~5 年

孵化期：28~32 天

初飞期：60~100 天

产卵数：2~5 枚

窝数：每年 1 窝

典型食物：种子、昆虫，偶尔吃爬行动物

寿命：最长 28 年

黑冠鹤的头顶闪闪发光，像金箔一样。它们居住在非洲热带沼泽草原上，是一种受欢迎的新成员。

分布在哪里？

黑冠鹤生活在非洲的萨赫勒和苏丹的稀树草原。它有两个亚种：黑冠鹤西非亚种和黑冠鹤苏丹亚种，它们的名字反映了它们的位置。

生物比较

许多优雅的鸟类经常会出人意料地发出不优雅的声音，比如灰鹤会发出响亮的鸣叫。黑冠鹤气管很长，因此发出响亮的鸣叫，而且与其他鹤类的叫声明显不同。

飞行中的黑冠鹤

翅膀

宽大的翅膀使黑冠鹤能缓慢而悠闲地振翅飞行，在上升气流中懒洋洋地翱翔。

喙

鹤喜欢吃种子和草，但它们是杂食动物，能够杀死爬行动物或螃蟹，以它们为食。

脚

即使在休息的时候，黑冠鹤的脚趾仍然紧紧地蜷曲起来，因此在睡觉时也能牢牢抓住树枝。

特殊的适应能力

除了南极洲和拉丁美洲，这种长颈长腿的鸟出现在所有大陆上。然而，只有黑冠鹤和灰冠鹤能栖息在树上。这是因为它们的脚有一个特别长的后趾，可以抓住树枝。

灰冠鹤

灰冠鹤长着富于层次感的灰褐色羽毛和引人注目的金色头顶，很难与其他鸟类混淆。

重要统计资料

体重：3.5 千克

身高：1.6 米

性成熟期：大约 3 年

产卵时间：11~12 月

孵化期：30 天

初飞期：50~90 天

产卵数：2~3 枚

窝数：每年 1 窝

典型食物：草、种子、无脊椎动物和小型脊椎动物

寿命：最长 22 年

分布在哪里？

灰冠鹤栖息在干旱的稀树草原。它有两个亚种：灰冠鹤东非亚种和灰冠鹤南非亚种，分布在撒哈拉以南非洲的大部分地区。

生物比较

所有种类的鹤都以其壮观的舞蹈而闻名，涉及一系列复杂的跳跃、鞠躬和摆翅。这种行为在繁殖期最常见，但也可能发生在任何时候，成鸟和幼鸟表现出同样的行为。

头

亚种可以通过脸颊上方的红色皮肤识别。东非亚种比南非亚种的红色更多。

颈

灰冠鹤喉部的亮红色块斑是一个囊，求偶炫耀时会膨胀。

腿

灰冠鹤有修长的腿和脖子，拥有优越的周边视觉，帮助它们在高高的草丛中发现捕食者。

灰冠鹤舞蹈

特殊的适应能力

灰冠鹤的不同寻常之处在于，它们不仅在树上筑巢，也栖息在树上，这得益于它们细长的后趾很适合抓住树枝。这种筑巢的适应性行为增加了灰冠鹤的安全性，使它们尽可能地避免遭受捕食者的攻击。

美洲鹤

重要统计资料

体重：6 千克

身高：1.5 米

翼展：2.1~2.4 米

产卵时间：4~5 月

孵化期：29~30 天

初飞期：80~90 天

产卵数：2 枚

窝数：每年 1 窝

叫声：响亮的 kar-r-r-o-o-o

典型食物：甲壳类、昆虫、小鱼、两栖动物和爬行动物

生物比较

　　成年美洲鹤长着纯白的身体、黑色的胡须和黑色的翅尖，头顶有鲜红的块斑。幼鸟会越来越白，但最开始它们的身体、头和颈都有巨大的铁锈色斑纹。

成年美洲鹤（上）
幼年美洲鹤（下）

　　美洲鹤不同寻常的英文名字来自于配偶发出的复杂生动的、高度协调的高声鸣叫——whooping。

分布在哪里？

　　美洲鹤原产于北美洲，曾遍布美国中西部。现在它们很罕见，分布在美国阿肯色州、威斯康辛州和加拿大阿尔伯塔省的国家公园里。

眼

　　只有两种鹤拥有与生俱来的蓝眼睛，美洲鹤是其中之一。长大时眼睛会变成黄色。

喙

　　所有鹤都是杂食性动物，有着强壮细长的喙，足以对付各种食物。

腿

　　美洲鹤更喜欢在湿地中筑巢，它们的长腿适合在湿地的浅滩上涉水。

特殊的适应能力

　　所有鹤都跳舞。虽然这种特技通常是求偶炫耀的一部分，但各个年龄的鹤在一年中的任何时候都跳舞。人们认为，这种进化是鹤发展和完善运动技能的一种方式，也可以转移它们的攻击性。

灰鹤

重要统计资料

体重：4~7 千克

身高：115~120 厘米

翼展：200~225 厘米

孵化期：28~31 天

产卵数：1~2 枚

窝数：每年 1 窝

典型食物：青蛙、蝾螈、甲壳类动物、蜗牛、大型昆虫、种子和浆果

寿命：最长 15 年

生物比较

　　灰鹤的身体羽毛呈灰蓝色或灰色。翅膀也是灰蓝色或灰色，但翅膀的大羽毛和后缘呈黑色。尾巴粗短，颜色与身体相似。下颈呈黑色，但左右两边都是白色。头顶呈红色，前额呈黑色。雄鸟和雌鸟很像。

灰鹤是欧洲为数不多的能自然生长的鹤之一。灰鹤与苍鹭很相似，但灰鹤尾羽下垂，很容易通过这一点对它们进行区分。

分布在哪里？

　　灰鹤分布在欧洲南部和东部、俄罗斯北部和中部。

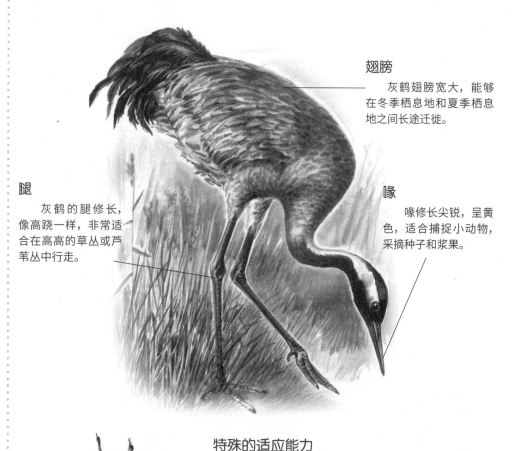

翅膀

　　灰鹤翅膀宽大，能够在冬季栖息地和夏季栖息地之间长途迁徙。

腿

　　灰鹤的腿修长，像高跷一样，非常适合在高高的草丛或芦苇丛中行走。

喙

　　喙修长尖锐，呈黄色，适合捕捉小动物，采摘种子和浆果。

灰鹤

特殊的适应能力

　　雄鹤与雌鹤在求偶中经常表演壮观的舞蹈。它们在空中跳跃，拍打宽阔的翅膀，发出响亮的喇叭声。

大鸨

重要统计资料

体重: 雄性 8~16 千克,
雌性 3.5~5 千克

身长: 雄性 90~100 厘米,
雌性 75~85 厘米

翼展: 雄性 210~240 厘米, 雌性 170~200 厘米

性成熟期: 大约 5 年

产卵时间: 3 月开始

孵化期: 大约 28 天

产卵数: 2~3 枚

窝数: 每个巢 1 窝, 但雄性最多与 5 只雌性交配

典型食物: 植物和无脊椎动物

寿命: 10 年

生物比较

繁殖期来临时, 雄性大鸨会表演绚丽的求偶舞。它们的羽毛变得鲜艳, 使自己膨胀起来, 露出白色下体吸引潜在的配偶。

雄性大鸨看起来可能像大号火鸡, 但这是它们的一个特点——它们是能在空中飞行的最重的鸟。

分布在哪里?

这些巨型鸟在欧洲南部和中部以及亚洲温带地区繁殖。欧洲的大鸨多为留鸟, 而亚洲的大鸨飞到南方过冬。

头

在繁殖期, 雄性大鸨会长出大胡须, 可能长达 20 厘米。

身体

雄性和雌性大鸨的体形表现出巨大的差异。一些雄性比雌性大一半。

翅膀

尽管体形巨大, 但大鸨飞行速度很快, 可以达到 60 千米 / 小时。

雄性大鸨

特殊的适应能力

为了取得成功, 一个物种必须存活足够长的时间来繁殖。伪装在这方面起着重要的作用, 起到保护幼鸟和成鸟安全的作用。包括大鸨在内的许多鸟类, 它们的蛋也有保护色, 与背景融为一体。

长脚秧鸡

目·鹤形目·科·秧鸡科·种·长脚秧鸡

长脚秧鸡个头小，畏缩羞怯，经常只闻其声不见其影。它们大部分时间都躲在高大的植物中。

重要统计资料

体重：125~210 克

身长：22~25 厘米

翼展：46~53 厘米

孵化期：19~20 天

产卵数：8~12 枚

窝数：每年 1 窝

典型食物：昆虫、蠕虫、蜗牛、蜘蛛和种子

寿命：最长 15 年

分布在哪里?

除了北极地区和伊比利亚半岛，长脚秧鸡分布在整个欧洲，也出现在亚洲西部。它们迁徙到非洲过冬。

生物比较

长脚秧鸡的上体呈灰棕色或蓝灰色，点缀着清晰的深色点斑和横斑。头和颈也呈棕色，眼睛上方有浅色的条纹。胁部呈红棕色，有模糊的条纹。翅膀明显呈红棕色或栗色。雄鸟和雌鸟很像。

喙

喙粗短，呈棕黄色，用于捕捉小动物和捡拾种子。

翅膀

长脚秧鸡翅膀宽阔，飞行能力很差，遇到危险时，宁愿躲起来也不愿意飞走。

脚

长脚秧鸡有着长腿大脚，很适合在高高的草丛中行走。它们也常躲在里面。

长脚秧鸡

特殊的适应能力

大多数鸟在白天活动，但长脚秧鸡在晚上最活跃。它们晚上外出觅食，而白天躲起来睡觉。

骨顶鸡

重要统计资料

体重: 800 克

身长: 36~42 厘米

翼展: 75 厘米

性成熟期: 1~2 年

孵化期: 21~26 天

初飞期: 55~60 天

产卵数: 5~10 枚

窝数: 每年 1~2 窝

典型食物: 水生植物和昆虫，偶尔吃小型两栖动物和鸟蛋

寿命: 通常 5 年

生物比较

骨顶鸡的雏鸟（如下图）不像它们的双亲那样具有攻击性和领地自卫本能。然而，它们也可能和父母一样吵闹，尤其是在乞求食物的时候，会发出响亮、哀怨的、连续不停的 uh-lif 声。

幼年骨顶鸡

骨顶鸡非常喧闹好斗，总是随时准备要战斗，无论是为了领地、食物还是为了配偶。

分布在哪里？

骨顶鸡遍布于欧洲、北非、亚洲和澳大拉西亚。在温和气候下繁殖的种群主要是留鸟，它们在淡水湖、水库与河流上筑巢。

头

骨顶鸡长着白色的头盾。人们认为"头发脱光"这个短语就是源自它们。

翅膀

尽管看上去通体呈黑色，但骨顶鸡的次级飞羽上有一条白色的带子，在飞行时会显露出来。

喙

从远处看，骨顶鸡常被误认为是黑水鸡。但黑水鸡的头盾呈红色，喙呈黄色。

特殊的适应能力

骨顶鸡与秧鸡等湿地鸟类属于同一科，这意味着它们的身体适合游泳和在泥上行走。它们的脚上没有长蹼，但脚趾周围有肉质的瓣蹼，其作用与蹼相同。

大骨顶鸡

目·鹤形目·科·秧鸡科·种·大骨顶鸡

大骨顶鸡是世界上最大的骨顶鸡，它们离群索居，只有最吃苦耐劳的登山者才能在野外见到它们。

重要统计资料

身长：48~49 厘米

性成熟期：1 年

孵化期：无确切数据，但至少 25 天

初飞期：44~59 天

产卵数：3~7 枚

叫声：雄性发出响亮的叫声

典型食物：水生植物和藻类

习性：昼行性。不迁徙

寿命：未知

分布在哪里？

大骨顶鸡生活在安第斯山脉高海拔的干燥寒冷贫瘠的地区，范围从秘鲁中部到阿根廷西北部。它们通常在海拔3100~5000 米处筑巢。

生物比较

完全发育的成年大骨顶鸡非常大，以至于不能飞。然而，幼鸟很小很轻，可以飞。事实上，幼鸟也没有成鸟的醒目的黑色、红色和黄色，它们二者几乎是不同的物种。

身体

大骨顶鸡通常是普通骨顶鸡的两倍大。如此巨大的身躯，可能有助于它们在安第斯山脉极端的冬天生存下来。

头

成年大骨顶鸡的脑袋两侧分别有一个骨嵴，在眼睛上方形成明显的突起。

脚

脚掌宽阔，没有蹼但有瓣蹼，它们因此擅长游泳和涉水。

幼年大骨顶鸡

特殊的适应能力

大骨顶鸡利用水生植物搭建庞大的巢。这些木筏一样的结构令人印象深刻，可以高于水面 20~25 厘米。人们认为，植被腐烂时产生的热量有助于鸟蛋孵化。

新西兰秧鸡

重要统计资料

体重： 雄性1千克，雌性700克

身长： 雄性50~60厘米，雌性46~50厘米

性成熟期： 1年

产卵时间： 8月至次年1月，但取决于食物供应

孵化期： 26~28天

初飞期： 大约28天

产卵数： 2~3枚

窝数： 最多可能每年4窝

典型食物： 昆虫、无脊椎动物、小型哺乳动物、爬行动物、鸟、果实和种子

寿命： 最长15年

生物比较

新西兰秧鸡有四个亚种。北岛秧鸡呈灰色；西部秧鸡呈栗色，但奥菲德兰有一种黑色的形态；黄秧鸡的颜色最浅；而斯图尔特岛秧鸡有两种颜色——栗色和黑色。

斯图尔特岛秧鸡

不幸的是，新西兰移民不仅带来了人口，还带来了在地面上筑巢的新西兰秧鸡。

分布在哪里？

这些不会飞的鸟原产于新西兰。遗憾的是，它们现在已经从传统范围内的大部分地区消失，人们正在为它们重建更安全的岛屿。

翅膀

新西兰秧鸡长着圆形的宽阔翅膀，但它们的飞行肌已经萎缩到无法飞行的地步。

尾

感到紧张时，新西兰秧鸡会摇摇尾巴，这是秧鸡科许多成员的共同特征。

腿

和许多不会飞的鸟一样，新西兰秧鸡长出了强壮的腿。危险来临时，它们能迅速地跑到安全的地方。

特殊的适应能力

新西兰秧鸡的红棕色的喙是可怕的武器。它们的喙长到5厘米长，有很多用途，比如在土壤中寻找蠕虫，剥去树皮寻找昆虫，敲开蛋，甚至像锤子一样砸晕老鼠。

斑胸田鸡

目·鹤形目·科·秧鸡科·种·斑胸田鸡

斑胸田鸡是一种水鸟，体形小，很谨慎，虽然广泛分布在它们生活的大部分地区，但很少能看到它们。

重要统计资料

体重：65~130 克

身长：22~24 厘米

翼展：40~45 厘米

孵化期：19~22 天

产卵数：6~15 枚（通常 7~12 枚）

窝数：每年 2 窝

典型食物：小昆虫、蠕虫、蜗牛和一些种子

寿命：未知

分布在哪里？

斑胸田鸡广泛分布在欧洲大部分地区（除了北极地区和伊比利亚半岛的大部分地区），也分布在亚洲温带地区。它们在非洲和亚洲南部过冬。

生物比较

斑胸田鸡的头和颈呈棕灰色，有深棕色的小点斑，形成细纹。背部呈棕色，有深色的细线。胸部呈灰色和蓝灰色，有斑驳的白色羽毛。腹部呈白色，胁部有棕色条纹。翅膀宽阔，内翅缘呈棕灰色，后缘呈深棕色。

翅膀

斑胸田鸡的翅膀修长，飞行能力很好，但经常躲在芦苇丛中。

喙

斑胸田鸡跟普通秧鸡很像，但斑胸田鸡长着黄色的短喙和红色的喙根，很容易区分。

脚

绿色的长腿和宽阔的脚掌很适合走在水面的睡莲和其他植物上。

斑胸田鸡

特殊的适应能力

斑胸田鸡身体细长，呈流线型，因此更容易在芦苇荡间移动。在繁殖期，它们非常神秘，经常能听见它们的声音却看不见其踪影。

普通秧鸡

重要统计资料

体重：雄性 140 克，雌性 110 克

身长：23~26 厘米

翼展：42 厘米

性成熟期：1 年

产卵时间：4~7 月，取决于位置

孵化期：19~22 天

产卵数：5~11 枚

窝数：每年 2 窝

典型食物：水生昆虫和其他小型脊椎动物

寿命：最长 10 年

生物比较

普通秧鸡的雄鸟和雌鸟羽毛相似，上体呈斑驳的棕色，下体呈蓝灰色，有红色的喙。幼鸟颜色较浅，喉部和胸部呈白色，而不是成鸟的灰色。成鸟的腿通常颜色更浅，喙上的红色没那么明显。

幼年普通秧鸡

普通秧鸡难以捉摸，人们很难发现它们。但它们诡异的叫声很难认错，它们的叫声听起来就像一头被屠宰的猪。

分布在哪里？

普通秧鸡在欧洲和亚洲中部的沼泽和芦苇丛中繁殖。欧洲西部的普通秧鸡通常是留鸟，但是欧洲北部和东部的普通秧鸡会迁徙到非洲和亚洲过冬。

腿

一双长腿使普通秧鸡能趟过水池和泥泞的芦苇床，寻找猎物。

脚趾

普通秧鸡长着三个朝前的长脚趾和一个朝后的短脚趾，在地面可以保持稳定，也可以防止它们陷入泥中。

尾

在芦苇丛中，斑驳的棕色羽毛提供了完美的伪装。然而，尾下有一抹白色，往往会暴露它们的位置。

特殊的适应能力

普通秧鸡的身体很适合生活在芦苇中。它们的胸骨很窄，导致身体轮廓纤细。这有助于普通秧鸡在灌木丛中挤过狭窄的缝隙而不会破坏遮蔽物，以免把位置暴露给捕食者。

卡古鸟

目·鹤形目（审查中）·科·鹭鹤科·种·卡古鸟

卡古鸟和鸡一样大，害羞、神秘，人们对它们知之甚少。因此在它们生长的岛屿上，人们给它们起了"森林幽灵"的绰号。

重要统计资料

身长: 55 厘米

性成熟期: 2 年

孵化期: 33~37 天

初飞期: 大约 98 天

产卵数: 1 枚

窝数: 每年 1 窝

叫声: 像犬吠一样的 goo-goo-goo

典型食物: 蠕虫、蜗牛和蜥蜴

习性: 昼行性。不迁徙

寿命: 圈养状态下最高 31 年

分布在哪里?

卡古鸟是新喀里多尼亚特有的物种，这意味着它们只出现在这个遥远的大洋洲岛屿。它们的首选栖息地是与世隔绝的山区林地。

生物比较

卡古鸟非常奇怪。它们没有任何明显的伪装，却拥有双目视觉——这通常是猛禽的特征。但是它们的血液却是真正的谜团，因为它们的红细胞只有其他鸟类的 1/3，血红蛋白却是其他鸟类的 3 倍。

冠羽

冠羽上修长的羽毛不断昂起和落下，这是求偶舞的一部分，作用是吸引配偶。

腿

捕猎时，卡古鸟可能用一只脚移动落叶来驱赶昆虫。

飞行中的卡古鸟

特殊的适应能力

这种神秘的鸟的学名是 *Rhynochetos jubatus*，源自希腊语中的 rhis 和 chetos，意思分别是"鼻子"和"玉米"。这是指当卡古鸟在落叶层下寻找食物时，盖在鼻孔上的皮瓣。

普通潜鸟

重要统计资料

体重：4 千克

身长：73~88 厘米

翼展：1.2~1.5 米

性成熟期：2~3 年

孵化期：24~25 天

初飞期：70~77 天

产卵数：1~3 枚

窝数：每年 1 窝

典型食物：鱼、大型无脊椎动物和两栖动物

寿命：最长 20 年

在北美洲，普通潜鸟也叫 Loons，因为它们在繁殖期会发出令人难忘的叫声，用真假嗓音交替歌唱。

分布在哪里？

普通潜鸟在加拿大、阿拉斯加的部分地区、格陵兰和冰岛繁殖，它们在地洞中筑巢。普通潜鸟在加拿大和欧洲北部的海岸过冬。

生物比较

成年雄性普通潜鸟的冬羽主要呈深褐色，下体几乎完全是白色的。在繁殖期，它们呈现出壮丽的黑白相间的颜色，非常像国际象棋的棋盘。

翅膀

普通潜鸟主要生活在水面，只在繁殖期才飞到空中。然而，它们是十分强大的飞行员。

腹

着陆时，普通潜鸟的腹部先触水，通过腹部掠过水面来减缓下落的速度。

腿

普通潜鸟的腿长在身体较后的位置，这是潜水的理想选择，却会使它们在岸上显得很笨拙。

幼年普通潜鸟

特殊的适应能力

普通潜鸟的嘴是专门用来捕鱼的。正如它们的名字所示，普通潜鸟通过潜水捕猎，有时潜到 60 米深的水域。偶尔它们会用沉重的喙咬碎大鱼，这样更容易吞咽。

长尾林鸮

目·鸮形目·科·鸱鸮科·种·长尾林鸮

生物学家估计，一对长尾林鸮每年可能吃掉 4000 多只老鼠。

重要统计资料

体重：0.55~1.2 千克

身长：50~60 厘米

翼展：110~130 厘米

孵化期：27~34 天

产卵数：2~4 枚

窝数：每年 1 窝

典型食物：啮齿动物，尤其是老鼠；兔子、鸟、青蛙

寿命：最长 15 年

生物比较

长尾林鸮看起来像灰林鸮，但体形大得多。羽毛呈斑驳的棕色和灰白色（或白色），背部有深色的条纹。翅膀也是斑驳的棕色和白色，但翅下颜色更浅。腹部发白，有深色的条纹。雄鸟和雌鸟相似，但雌鸟稍大一些。

分布在哪里？

长尾林鸮出现在欧洲北部和东部部分地区，但主要分布在亚洲北部和中亚，向东和向南延伸到日本、朝鲜和韩国。

头

长尾林鸮有着宽阔平坦的"面具"和凌厉的黄色眼睛。

喙

喙短小粗壮。上喙的钩曲很明显，适合撕咬猎物的肉。

尾

在夜间的森林中飞行时，宽大的尾羽对于操纵方向很重要。

长尾林鸮

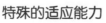

特殊的适应能力

如果受惊，长尾林鸮就完全不动了。如果这个策略失败，它们通常会展开翅膀，使自己看起来更大更有威胁性，从而吓跑敌人。

仓鸮

重要统计资料

体重: 300 克

身长: 33~39 厘米

翼展: 80~95 厘米

性成熟期: 1 年

孵化期: 14~18 天

产卵数: 3~5 枚

窝数: 通常每年 2 窝

典型食物: 小型哺乳动物, 尤其是田鼠, 偶尔吃鸟

寿命: 通常 3 年

生物比较

灰林鸮的羽毛在其活动范围内各不相同。在欧洲西部和南部、北非和中东, 灰林鸮往往上体呈灰色或赭色, 下体几乎纯白色。在欧洲其他地方, 灰林鸮的下体通常呈橘黄色。

下体呈棕色的仓鸮

仓鸮脸部发白, 眼睛为黑色, 发出诡异的尖叫。

分布在哪里?

仓鸮生活在欧洲、亚洲南部、非洲、澳大利亚和美洲。只要有合适的建筑, 比如废墟或农场, 它们就在那里安家。

耳

仓鸮的一只耳朵比另一只高, 因此能更准确地确定猎物的位置。

身体

仓鸮是夜行性的捕食者。在黑暗中, 最容易看到仓鸮白色的脸和下体。

脚

仓鸮用它们的大爪子捕捉猎物。

特殊的适应能力

许多鸟的眼睛长在脑袋两侧, 视野开阔, 更容易发现危险。然而, 猎禽的眼睛长在前面。这种双眼视觉可以比较两只眼睛的图像, 从而更好地判断距离。

鬼鸮

鬼鸮中等体形，呈巧克力褐色。它们与众不同的名字源自最早发现该物种的瑞典博物学家彼得·古斯塔夫·腾马。

重要统计资料

体重：93~215 克

身长：22~27 厘米

翼展：50~62 厘米

性成熟期：9 个月

孵化期：25~32 天

初飞期：28~36 天

产卵数：3~7 枚

窝数：每年 1 窝，如果食物充足可能更多

典型食物：小型哺乳动物，尤其是田鼠和老鼠

寿命：通常 11 年

生物比较

　　在猛禽中，雌鸟通常比雄鸟更大。雌性鬼鸮的确如此。雄鸟和雌鸟很像，但雌鸟的体重是雄鸟的 1.5 倍

分布在哪里？

　　鬼鸮生活在北方山区的森林里，因此也叫"北方猫头鹰"。在北美洲，它们的活动范围从阿拉斯加到加拿大东部；在欧洲，它们的活动范围从斯堪的纳维亚到西伯利亚。

眼

　　鬼鸮是一种猎鸟，它们眼睛朝前，因此拥有双眼视觉，能够更准确地判断距离。

身体

　　鬼鸮比侏儒猫头鹰更大，但两者很容易弄混，因为它们的活动范围和习性相同。

脚

　　鬼鸮爪子巨大，可用于抓住猎物。

鬼鸮

特殊的适应能力

　　鬼鸮视力极好。然而，由于它们在夜间捕猎，而且通常条件艰难，因此它们依靠听觉确定猎物的位置。这是完全可行的，因为猫头鹰的耳朵定位能帮助它们更有效地判断距离。

短耳鸮

目·鸮形目·科·鸱鸮科·种·短耳鸮

重要统计资料

体重：260~350 克

身长：26~40 厘米

翼展：90~105 厘米

孵化期：24~29 天

产卵数：4~8 枚

窝数：每年 1 窝

典型食物：啮齿动物，尤其是田鼠；青蛙、蜥蜴

寿命：最长 15 年

短耳鸮在飞行的时候经常发出一系列深沉的 po-po-po 声，但捕猎时却完全不出声。

分布在哪里？

短耳鸮分布在欧洲北部、亚洲东部和中亚的大部分地区，以及北美洲的北部地区。它们也出现在南美洲部分地区。

生物比较

短耳鸮的体形相对小巧纤细。颈、背和翅上呈斑驳的灰白色或米黄色，以及浅黄色或红褐色。喉和上胸部呈浅黄色，有模糊的深色条纹；胸的其余部分和腹部则较浅，深色条纹较少。脸宽阔平坦，眼睛是独特的黄色。

头

眼睛上方的头部花纹使这种鸟的表情看起来很愤怒。短耳鸮聚精会神时，两只耳朵上的毛就会竖起来。

翅膀

在猫头鹰中，短耳鸮的翅膀算得上修长，而且羽毛特别柔软，因此几乎可以无声无息地飞行。

腿

腿短，但脚硕大有力，长着锋利的爪子，用于杀死猎物。

飞行中的短耳鸮

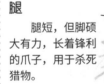

特殊的适应能力

短耳鸮通常产 6 枚蛋，但如果猎物充足，它们可能产蛋 12 枚以上，因此在条件有利的时候能养育更多的雏鸟。

长耳鸮

和其他猫头鹰不同，体形硕大、长相引人注目的长耳鸮经常在完全黑暗的环境中捕食。

重要统计资料

体重：200~500 克

身长：31~37 厘米

翼展：86~98 厘米

孵化期：20~30 天

产卵数：1~6 枚（通常 3~5 枚）

窝数：每年 1 窝，偶尔 2 窝

典型食物：小啮齿动物，尤其是田鼠和旅鼠

寿命：最长 28 年

生物比较

长耳鸮身材高大苗条，有一双橙黄色的眼睛。背呈斑驳的褐色，下体呈浅灰褐色，看起来像大树的树皮。对于一只大型猫头鹰而言，长耳鸮的翅膀太苗条了，而且后缘没有白色的条纹。有时人们会把它们与短耳鸮混淆，两者体形相似，但短耳鸮的耳毛更少。

飞行中的长耳鸮

分布在哪里?

长耳鸮广泛分布在加拿大南部和美国北部，以及北极地区以外的欧洲大部分地区，并跨越整个中亚抵达鄂霍次克海。

头

长耳鸮的耳朵上有两片大羽毛，在全神贯注时竖起，其他时候隐藏。

翅膀

大的初级飞羽后缘软化，长耳鸮因此能够安静地飞行。

脚

强壮的大脚上长着锋利的大爪子，可以立即杀死小猎物。

特殊的适应能力

如果在巢穴附近受到打扰，长耳鸮就会试图坐着不动，与树干融为一体。它们的繁殖期是在 3 月和 4 月，人们经常在它们繁殖期的初始期听到它们低沉、柔和、响亮的声音。

穴小鸮

重要统计资料

体重：1.5 千克

身长：52~60 厘米

翼展：1.5~1.7 米

性成熟期：1 年

产卵时间：4 月

孵化期：21~28 天

初飞期：大约 28 天

产卵数：3~5 枚

窝数：每年 1 窝

典型食物：小型哺乳动物、鸟类和昆虫，尤其是甲虫

寿命：最长 9 年

生物比较

穴小鸮的雄鸟和雌鸟的体形和颜色很相似，但一些雄鸟的颜色可能略浅一些。然而，幼鸟（如下图）的羽毛很不相同，既没有上体特有的白色杂毛，也没有下体特有的棕色横斑。

幼年穴小鸮

尽管看起来很奇怪，但穴小鸮一生大部分时间都在地下专门挖掘的洞穴里度过。

分布在哪里？

穴小鸮分布在加拿大西南部、美国西部以及中美洲和南美洲较干旱的地区。它们栖息在草原和沙漠动物的洞穴里，比如草原犬鼠的洞穴。

眼

穴小鸮的眼睛望向前方，拥有双眼视觉，能够更准确地判断距离。

头

眼睛望向前方，因此视野有限。为了弥补这一点，穴小鸮的头可以旋转较大的弧度。

脚

穴小鸮用爪子抓猎物和挖洞穴。

特殊的适应能力

大多数猫头鹰的腿很短，长的爪子用于抓捕猎物。然而，穴小鸮的腿和脚趾很长，这是为了挖洞穴而精心设计的。腿上覆盖着毛皮状的短绒羽，而不是容易被尘土堵塞的羽毛。

纵纹腹小鸮

重要统计资料

体重: 200~300 克

身长: 23~28 厘米

翼展: 50~57 厘米

孵化期: 26~29 天

产卵数: 3~5 枚

窝数: 每年 1 窝

典型食物: 大型昆虫、蠕虫、蜘蛛、两栖动物、啮齿动物和小鸟

寿命: 最长 15 年

纵纹腹小鸮在很多地方很常见。与大多数猫头鹰不同的是,纵纹腹小鸮通常在白天活动。

分布在哪里?

纵纹腹小鸮广泛分布在欧洲大部分地区,但斯堪的纳维亚大部分地区除外。它们也遍布中亚、中东和非洲北部。

生物比较

上体呈浅棕色,翅膀上有白色的点斑和横斑。下体呈淡白色,有棕色的条纹。眼睛是漂亮的亮黄色,宽阔平坦的脸上有宽阔的白色眉毛,让它们看起来有一张生气的脸。旷野的纵纹腹小鸮通常比森林里的颜色更浅。雄鸟和雌鸟很像。

喙

喙短,有钩,根部附近通常有长而敏感的须。

尾

尾羽粗短宽阔,在空中操纵方向,着陆时呈扇形展开。

脚

脚硕大有力。爪子锋利,可用于杀死猎物。腿短,粗壮。

来自沙漠栖息地的颜色更浅的纵纹腹小鸮

特殊的适应能力

纵纹腹小鸮经常在一览无遗的树上休息。如果受到干扰,它们会上下摆动头部从而测量它们与入侵者的距离。如果距离太近,它们就会逃走。

雕鸮

雕鸮是所有猫头鹰中体形最大、最健壮的一种, 甚至以能捕食小鹿而闻名。

重要统计资料

体重: 1.6~4.2 千克

身长: 58~71 厘米

翼展: 150~190 厘米

孵化期: 31~36 天

产卵数: 1~4 枚 (通常 2~3 枚)

窝数: 每年 1 窝

典型食物: 啮齿动物、野兔、狐狸、小鹿、鸟、蛇、蜥蜴、青蛙和鱼

寿命: 最长 60 年

分布在哪里?

雕鸮分布在欧洲东部和南部的大部分地区, 栖息地跨越中亚到达北非部分地区和中东。

生物比较

上背、颈和翅上呈黄褐色或褐色, 有深褐色的点斑和横斑。头和上颈呈黄褐色或浅黄色, 有深色条纹。胸和腹呈浅黄色或棕色, 有独特的树皮条纹。雌鸟和雄鸟很像, 但更大更重。

头

雕鸮的头顶有两簇大羽毛, 好奇或害怕时就会竖起来。

翅膀

雕鸮翅膀宽大, 在捕猎时飞行有力却不发出声音。

脚

雕鸮的大脚非常强壮, 因此能用巨大的黑色爪子杀死狐狸甚至小鹿。

雕鸮

特殊的适应能力

雕鸮通常在悬崖峭壁和岩石缝隙中筑巢, 因为捕食者很难到达这里。如果找不到悬崖峭壁或岩石缝隙, 它们可能会在地面的岩石和巨石之间筑巢。

雪鸮

重要统计资料

体重：1.7~3 千克

身长：53~65 厘米

翼展：125~150 厘米

孵化期：32~34 天

产卵数：5~14 枚（通常 7~9 枚）

窝数：每年 1 窝

典型食物：啮齿动物，尤其是旅鼠、田鼠；松鸡

寿命：最长 30 年

雪鸮体形硕大，长得像天使，也被称为北极鸮或大白鸮，它们很适合在北极地区生活。

分布在哪里？

雪鸮分布在斯堪的纳维亚北部，横跨俄罗斯北部和加拿大北部。许多雪鸮会飞到南方过冬，有些最南甚至飞到加勒比地区。

生物比较

雄性雪鸮的确是雪白的，羽毛几乎完全呈白色，只有奶白色或灰白色的杂毛。雌鸟也是白色，但翅膀、背、胸和腹有明显的深色点斑和横斑。尾羽宽阔呈扇形，对于猫头鹰而言相当大。幼鸟呈灰色，有独特的黑色横斑。

头

雪鸮的脸宽阔平坦，两只醒目的黄色眼睛能在黑暗中发现猎物。

喙

喙短，有力。上喙强有力的钩适合撕咬猎物。

脚

雪鸮的脚硕大有力，长着锋利的爪子。脚上覆盖着白色羽毛，可以抵御寒冷。

雄性雪鸮（左）
雌性雪鸮（右）

特殊的适应能力

雪鸮经常出现在荒地，并在地面筑巢。它们通常在土堆或巨石上筑巢，从而获得较好的视野。

美洲雕鸮

重要统计资料

体重：0.9~2.5 千克

身长：46~68 厘米

翼展：100~155 厘米

孵化期：30~37 天

产卵数：1~5 枚（通常 2 枚）

窝数：每年 1 窝

典型食物：老鼠、田鼠、松鼠、土拨鼠、黄鼠狼和臭鼬，各种各样的鸟，包括一些猛禽

寿命：20~30 年

美洲雕鸮巨大且威严，甚至会杀死并吃掉其他猛禽。

分布在哪里？

美洲雕鸮广泛分布在南美洲和北美洲。它们生活在各种各样的栖息地，从苔原到雨林，也可能出现在城市里。

生物比较

美洲雕鸮上体呈斑驳的棕色，下体呈斑驳的浅灰棕色。脑袋硕大浑圆，通常呈红棕色，有一双黄色的大眼睛。腿和脚几乎完全被灰棕色的羽毛覆盖。雌鸟通常比雄鸟大。最大的美洲雕鸮通常出现在栖息范围的北边。

飞行中的美洲雕鸮

眼

美洲雕鸮大眼睛朝前，因此得到了极好的夜视能力和深度知觉。

头

美洲雕鸮的耳朵上方有两片大羽毛，用于向其他猫头鹰炫耀，对听力没有影响。

脚

美洲雕鸮的脚异常强大，长着大爪子，可以杀死猎物。每一只脚的撞击力都达到几百千克。

特殊的适应能力

和它们的近亲一样，美洲雕鸮的每只眼睛周围都有平滑的圆盘状区域。它是由特殊的羽毛组成，形成了一个光滑的表面，这样微弱的声音就可以传到美洲雕鸮的耳朵里，从而准确地判断声音的方向。

东美角鸮

矮小的东美角鸮有着凌厉的黄色眼睛和突出的耳毛。它们是北美洲的猫头鹰中最严格的夜行动物。

重要统计资料

体重：130~180 克

身长：16~25 厘米

翼展：30~38 厘米

孵化期：26~34 天

产卵数：2~7 枚（通常 3~4 枚）

窝数：每年 1 窝

典型食物：大型昆虫、小龙虾、蠕虫、小型爬行动物、两栖动物和啮齿动物

寿命：未知

生物比较

东美角鸮的羽毛有保护色，带有许多横斑、条纹和花纹，但羽毛的背景颜色各不相同，可能是暗灰色到鼠灰色，但有些种群是锈色。下体有独特的黑色条纹。翅膀是斑驳的灰色或褐色。加拿大西部有一个浅灰色的种群。

分布在哪里?

东美角鸮分布在北美洲的部分地区，生活范围从佛罗里达州到加拿大南部。它们的颜色取决于它们来自哪里。

头

脑袋硕大，脸扁平，呈方形。耳朵上有两簇与众不同的毛。

翅膀

相对于体形而言，东美角鸮的翅膀硕大，羽毛特别柔软，因此飞行时可以不发出声音。

尾

东美角鸮的尾羽短小宽阔，在森林地区飞行时，这对于操纵方向很重要。

东美角鸮

特殊的适应能力

东美角鸮靠它们的保护色来防御捕食者。它们经常栖息在树上，如果受到干扰，它们会一动不动地站着，融入到背景里。

姬鸮

姬鸮可能不比麻雀大，但从它们浑圆的脑袋到钩状的爪子，每一寸都可以看出它们是一只猫头鹰。

重要统计资料

体重：35~55 克

身长：12.4~14.2 厘米

性成熟期：1 年

孵化期：24 天

初飞期：28~33 天

产卵数：1~5 枚

窝数：每年 1 窝，但如果前一窝受损，会产卵补足

叫声：雄性不断发出尖叫

典型食物：鱼、一些小型哺乳动物、两栖动物和爬行动物

习性：夜行性。不迁徙，但夏季可能向北移动

寿命：通常 5 年

生物比较

姬鸮是第二小的猫头鹰。顾名思义，最小的猫头鹰是侏儒猫头鹰，它们也属于鸮形目鸱鸮科，但属于不同的属，叫作鸺鹠属。没有人知道有多少种侏儒猫头鹰。

姬鸮

分布在哪里？

姬鸮经常在巨大的沙漠仙人掌的茎上安家。它们也分布在美国西南部和墨西哥北部，生活在林地甚至城区。

眼

和其他夜行性的猎手一样，姬鸮凭借超高的视力追踪和抓捕猎物。

身体

姬鸮的雄鸟和雌鸟很像，但雌鸟通常略大略重。姬鸮的羽毛呈斑驳的灰棕色，喙呈绿色，脚呈黄色。

特殊的适应能力

侏儒猫头鹰（如左图上）捕食其他鸟类和小型哺乳动物，因此它们比美洲表亲姬鸮（如左图下）有更强壮的脚和更锋利的喙。姬鸮不需要那么强壮的爪子或撕裂肉的喙，因为它们只捕食昆虫。

布克鹰鸮

目·鸮形目·科·鸱鸮科·种·布克鹰鸮

重要统计资料

体重: 194~360 克

身长: 23~36 厘米

翼展: 70~85 厘米

孵化期: 30~35 天

产卵数: 2~5 枚（通常 2~3 枚）

窝数: 每年 1 窝

典型食物: 啮齿动物，尤其是老鼠；大鸟、大飞虫

寿命: 未知

人们曾认为布克鹰鸮只有一种，但现在已知的布克鹰鸮有两种。

分布在哪里?

布克鹰鸮几乎遍布整个澳大利亚大陆，也出现在塔斯马尼亚岛、新西兰、小巽他群岛、帝汶岛和新几内亚部分地区。

生物比较

头顶、颈和背呈浅棕色至深棕色，取决于该物种的产地。背和翅膀上有许多小的白色点斑。喉、胸和腹呈浅黄色或乳白色，有深褐色的条纹和杂毛。雄鸟和雌鸟很像，但雌鸟体形更大，颜色更丰富。

头

布克鹰鸮脸上有黑色的"面具"，长着一双黄色的大眼睛，可以在黑暗中看清东西。

翅膀

宽大的翅膀有特殊的柔软的羽毛，因此尽管飞行强劲，却几乎不发出声音。

脚

黄色的腿上长着强有力的脚趾，脚趾上有巨大的黑色爪子，可以刺死和压碎猎物。

飞行中的布克鹰鸮

特殊的适应能力

布克鹰鸮有各种各样的叫声。一种是尖叫，每隔几秒重复一次；另一种是配偶间发出的柔和的 pot-pot。雄鸟在交配时也会发出响亮的颤音。

白脸角鸮

重要统计资料

体重: 80~170 克

身长: 18~24 厘米

翼展: 35~45 厘米

孵化期: 26~30 天

产卵数: 1~3 枚（通常 2~3 枚）

窝数: 每年 1~3 窝

典型食物: 啮齿动物、小鸟、蜥蜴、两栖动物、大昆虫、蝎子和蜘蛛

寿命: 未知

白脸角鸮属于一类叫作角鸮的猫头鹰。角鸮有 60 多种。

分布在哪里？

白脸角鸮出现在撒哈拉以南非洲的大部分地区。它们栖息地广泛，但通常不在茂密的雨林里栖息。

生物比较

瘦小的白脸角鸮有着迷人的灰色和红棕色羽毛。脸宽阔，呈白色，边缘呈黑色或深棕色。大眼睛有显著的橙色阴影。腿上覆盖着灰色或浅棕色的短羽毛，一直延伸到脚上。头顶有两簇大羽毛。雄鸟和雌鸟很像。

头

脑袋硕大，上面有两根大羽毛，用于表达情绪。

翅膀

宽大的翅膀和柔软的羽毛使白脸角鸮飞得很快，但不发出任何声音。

腿

对这种体形的猫头鹰来说，白脸角鸮的脚相当小，但很强壮，脚趾上有锋利的爪子。

飞行中的白脸角鸮

特殊的适应能力

白脸角鸮通常站在树上，伸直身体，闭上眼睛，依靠斑驳的羽毛为自己提供保护色，从而躲避捕食者。

横斑渔鸮

横斑渔鸮精力充沛，专门捕鱼，捕鱼的方式是从水面抓取猎物。

重要统计资料

体重：2~2.5 千克

身长：55~63 厘米

翼展：120~145 厘米

孵化期：30~35 天

产卵数：2 枚

窝数：每年 1 窝

典型食物：鱼、两栖动物和蛇

寿命：最长 25 年

分布在哪里？

横斑渔鸮分布在整个中非和非洲东部的部分国家，一直延伸到南非的东北部。

生物比较

横斑渔鸮是一种大型猫头鹰。羽毛呈棕灰色或褐色，许多大体羽上有黑色的斑纹，尖端也呈黑色。上体呈红棕色，有黑色的斑纹；翅膀呈浅红色或黄褐色，同样有黑色斑纹。尾羽呈深棕色。

喙

喙大而重，弯曲，适合撕咬大鱼。

翅膀

翅膀宽大，长着柔软的飞羽，因此横斑渔鸮能悄无声息地飞行。

腿

腿相当长。腿的下部裸露，因此捕鱼时不会浸水。

横斑渔鸮

特殊的适应能力

横斑渔鸮的饮食很不寻常，所以它们很少远离水。它们喜欢在水边的树上筑巢，以便从树上俯冲下来捕鱼。

灰林鸮

灰林鸮体形魁梧，长相英俊，在许多国家很普遍，尽管很少能看到它们。

重要统计资料

体重： 450~550 克

身长： 37~43 厘米

翼展： 81~96 厘米

孵化期： 28~30 天

产卵数： 1~8 枚（通常 2~4 枚）

窝数： 每年 1 窝

典型食物： 主要是田鼠和小鼠，也吃大鼠、地鼠、两栖动物、小鸟、蚯蚓和大型昆虫

寿命： 最长 20 年

分布在哪里？

灰林鸮是欧洲最普遍的猫头鹰，尽管在爱尔兰和北极地区很少见。它们也出现在非洲北部、整个俄罗斯中部、中国以及中东部分地区。

生物比较

上体和翅膀呈灰色或红棕色，翅膀上有深色和白色的横斑，许多羽毛上有斑驳的花纹。尾羽也是类似的颜色，上面有较浅和较深的带子。下体较浅，有许多纵向的深色条纹。雄鸟和雌鸟很像。飞行时，可能与体形更大的长耳鸮混淆。

头

灰林鸮的头硕大浑圆，这是它们典型的特征。碟状的黑眼睛让它们的脸看起来很友好。

翅膀

翅膀宽大，羽毛柔软，它们因此能够在空中快速而安静地飞行。

腿

灰林鸮腿修长，脚强壮，长着锐利的爪子，能够轻松地杀死较小的猎物。

飞行中的灰林鸮

特殊的适应能力

灰林鸮通常是一种神秘的夜行性捕食者，但它们以繁殖期时的攻击性而著名。灰林鸮攻击离它们巢穴太近的人是常有发生的。

西点林鸮

重要统计资料

体重：600~800 克

身长：41~46 厘米

翼展：112~120 厘米

孵化期：27~30 天

产卵数：1~4 枚（通常 2 枚）

窝数：每年 1 窝

典型食物：啮齿动物，也吃爬行动物、两栖动物、鸟类和大型昆虫

寿命：最长 15 年

生物比较

　　头顶、上颈和上体呈浅黄色或浅棕色，有各种浅色或白色的点斑、横斑和其他斑纹。翅膀上有独特的棕色横斑。胸和腹呈近乎白色的浅白色，带有浅棕色至深棕色的网状花纹。雌鸟和雄鸟相似，但雌鸟通常略大。

飞行中的西点林鸮

　　西点林鸮在高高的树上筑巢，这令人印象深刻，有时它们的巢在离地 60 米的地方。

分布在哪里？

　　西点林鸮出现在北美洲西部，从不列颠哥伦比亚南部，穿过华盛顿、俄勒冈、加利福尼亚，到墨西哥北部。

头

　　西点林鸮的脑袋硕大浑圆，有浅黄色或浅白色的"面具"和深褐色的眼睛。

腿

　　腿相当长，脚很有力，爪子尖锐，用于杀死猎物。

尾

　　粗短的尾羽可用于转向和操纵。柔软的羽毛使它们在飞行时不发出声音。

特殊的适应能力

　　和大多数猫头鹰一样，西点林鸮的羽毛使它们在飞行时几乎不发出声音。因此，它们能够留神听猎物的声音，而不会被自己振翅的声音打扰。

非洲鸵鸟

非洲鸵鸟是世界上现存最大的鸟类，它们产的蛋也是最大的。

重要统计资料

体重：100~160 千克

身高：雄性 1.8~2.7 米，雌性 1.7~2 米

翼展：2 米

性成熟期：2~4 年

产卵时间：4~9 月

孵化期：35~45 天

初飞期：14~15 天

产卵数：在一个公共的巢里产 12~15 枚

窝数：如果蛋被取走，雌鸟会继续产卵直到满窝

典型食物：植物、根和种子，偶尔吃昆虫和小型爬行动物

寿命：通常 50 年

生物比较

非洲鸵鸟有四个亚种：南非鸵鸟、北非鸵鸟、东非鸵鸟和索马里鸵鸟。它们的大小颜色各不相同。例如，索马里鸵鸟（如下图）的脖子和大腿呈蓝灰色；东非鸵鸟的脖子和大腿呈粉橙色。

索马里鸵鸟

分布在哪里？

非洲鸵鸟在非洲大草原安家。在过去几十年里，它们受到了澳大利亚和美洲农民的欢迎，农民们饲养大量非洲鸵鸟来获取蛋和肉。

颈

非洲鸵鸟的物种名 *camelus* 来自希腊语，意思是"骆驼麻雀"，这是指它们的脖子很长。

翅膀

尽管翅膀很大，但它们不会飞。相反，它们用翅膀求偶和为雏鸟遮阴。

脚

非洲鸵鸟强有力的脚可以一大步跨 3~5 米。腿也是强大的武器。

特殊的适应能力

非洲鸵鸟的脚就像食草动物的脚，每只脚上只有两根脚趾，较大的内趾类似于蹄子。这种适应性有助于奔跑，非洲鸵鸟的速度最快达 70 千米 / 小时。

南方鹤鸵

南方鹤鸵雌鸟已经解决了如何让雄鸟来养家的问题。

重要统计资料

体重: 雄性 40 千克, 雌性 85 千克

身高: 2 米

产卵时间: 6~10 月

性成熟期: 大约 2 年

孵化期: 49~61 天

产卵数: 每对 3~5 枚

窝数: 每对 1 窝, 但雌鸟有多个伴侣

典型食物: 鱼, 一些小型哺乳动物、两栖动物和爬行动物

习性: 昼行性。不迁徙

寿命: 圈养状态下最长 40 年

分布在哪里?

南方鹤鸵生活在热带雨林里, 栖息范围包括印度尼西亚、巴布亚新几内亚、澳大利亚东北部地区, 从哈利法克斯山到库克镇和约克角半岛。

生物比较

不会飞的鸟并不罕见。事实上, 澳大拉西亚是好几种著名的不会飞的鸟的家园, 包括鸸鹋和几维鸟。和不会飞的近亲一样, 南方鹤鸵已经用腿的力量取代了翅膀的力量, 奔跑速度最高达 50 千米 / 小时。

头
南方鹤鸵的头顶有一个高高的棕色的盔状隆起, 脖子上有一对鲜红色的肉垂。

翅膀
这种大鸟不会飞, 所以不需要飞羽。它们的黑色长羽毛更像是毛皮。

身体
南方鹤鸵是地球上第二重的鸟。雌鸟的体重几乎是雄鸟的两倍。

南方鹤鸵

特殊的适应能力

不会飞的鸟需要长出强有力的腿。事实上, 南方鹤鸵是少数几种对人类有危险的鸟。它们用脚踢断猎物的骨头, 细长的爪子可以轻松地撕开皮肉。

鸸鹋

重要统计资料

体重：30~60 千克

身长：2 米

身高：1.8 米

性成熟期：2~3 年

产卵时间：5~6 月

孵化期：52~60 天

产卵数：5~15 枚

窝数：通常 1 枚，但雌
鸟与多只雄鸟交配

典型食物：植物、果实、
种子和昆虫

寿命：10~20 年

生物比较

只有雄性鸸鹋才有
母性本能。刚孵出的鸸
鹋几天后就独立了，但
雄鸸鹋会和它们待上
18 个月，教它们如何
觅食和照顾自己。

幼年鸸鹋

澳大利亚大陆上有不少长相奇特的鸟，鸸鹋可能是最奇异的一种。

分布在哪里？

鸸鹋出现在澳大利
亚大部分地区，不过干
旱地区数量较少。鸸鹋
生性孤僻，但偶尔也会
成群结队地寻找已知的
食物来源。

翅膀

鸸鹋不会飞，
只有残缺不全的小
翅膀。然而它们奔
跑的速度极快，通
常能够逃脱捕食者
的捕猎。

下体

相对于总体重
而言，鸸鹋的盆骨
底肌与飞禽的飞行
肌肉一样重。

脚

鸸鹋只有三
个脚趾。对于长时
间走路和奔跑的
鸟类，这是非常常
见的。

特殊的适应能力

为了在澳大利亚炎热的夏天保持凉爽，鸸鹋长着蓬松的
毛发状羽毛，比传统形式的羽毛散热更快。它们通过提起羽
毛，使皮肤附近的静脉网络暴露出来，从而降温。

美洲鸵鸟

目·驼形目·科·美洲鸵鸟科·种·美洲鸵鸟

美洲鸵鸟是拉丁美洲版的鸵鸟。它们可能没有非洲鸵鸟那么大，但同样好斗。

重要统计资料

体重: 20 千克

身高: 1.4 米

性成熟期: 2 年

产卵时间: 8 月至次年 1 月，取决于位置

孵化期: 35~40 天

产卵数: 最多 60 枚

窝数: 雄鸟最多向 12 只雌鸟求偶，雌鸟都在雄鸟的巢中产卵。雄鸟一次最多能孵化 60 枚卵。

典型食物: 植物、小型昆虫和爬行动物

习性: 昼行性。不迁徙

寿命: 最长 40 年

生物比较

雄性美洲鸵鸟负责筑巢、孵蛋和养育后代。在繁殖期，雌鸟（如下图）从一只雄鸟转移到另一只雄鸟，留下体形稍大的雄鸟保护幼崽。

雌性美洲鸵鸟

分布在哪里?

美洲鸵鸟喜欢靠近水源的高植被栖息地，比如蒲苇。它们原产于拉丁美洲，但一个小种群从农场逃跑，到了德国定居。

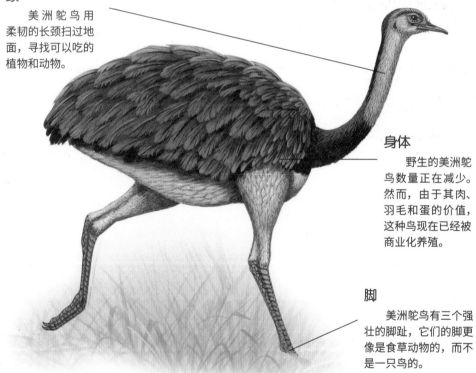

颈

美洲鸵鸟用柔韧的长颈扫过地面，寻找可以吃的植物和动物。

身体

野生的美洲鸵鸟数量正在减少。然而，由于其肉、羽毛和蛋的价值，这种鸟现在已经被商业化养殖。

脚

美洲鸵鸟有三个强壮的脚趾，它们的脚更像是食草动物的，而不是一只鸟的。

特殊的适应能力

美洲鸵鸟可能不会飞，但它们奔跑的速度令人难以置信，而且非常精确。事实上，它们的翅膀看似无用，其实很有价值。翅膀帮助它们保持平衡，在奔跑时，美洲鸵鸟轮流举起翅膀来转向。

图书在版编目（CIP）数据

长空鹰隼 / 英国琥珀出版公司编著 ； 左安浦译 . ——
兰州 ： 甘肃科学技术出版社 ， 2020.11
ISBN 978-7-5424-2540-9

Ⅰ . ①长… Ⅱ . ①英… ②左… Ⅲ . ①鸟类－儿童读
物 Ⅳ . ① Q959.7-49

中国版本图书馆 CIP 数据核字（2020）第 223783 号

著作权合同登记号：26-2020-0093

长空鹰隼

［英］英国琥珀出版公司　编著

左安浦　译

责任编辑　陈学祥
封面设计　韩庆熙

出　版　甘肃科学技术出版社
社　址　兰州市读者大道 568 号　730030
网　址　www.gskejipress.com
电　话　0931-8125103（编辑部）0931-8773237（发行部）
京东官方旗舰店　https://mall. jd. com/index-655807.html

发　行　甘肃科学技术出版社　　　印　刷　雅迪云印（天津）科技有限公司
开　本　889mm×1194mm　1/16　　印　张　5.75　字　数　79 千
版　次　2021 年 1 月第 1 版
印　次　2021 年 1 月第 1 次印刷
书　号　ISBN 978-7-5424-2540-9
定　价　45.00 元

图书若有破损、缺页可随时与本社联系：0931-8773237
本书所有内容经作者同意授权，并许可使用
未经同意，不得以任何形式复制转载